HAMBURGER GEOGRAPHISCHE STUDIEN

Herausgegeben von Albert Kolb, Erich Otremba, Wilhelm Brünger
Schriftleitung Wilhelm Brünger

Heft 16

# STURMFLUT 17. FEBRUAR 1962

## MORPHOLOGIE DER DEICH- UND FLURBESCHÄDIGUNGEN ZWISCHEN MOORBURG UND CRANZ

Gemeinschaftsarbeit des Instituts für Geographie und Wirtschaftsgeographie der Universität Hamburg

Herausgegeben

von

PROFESSOR DR. ALBERT KOLB

Hamburg 1962

im Selbstverlag
des Instituts für Geographie und Wirtschaftsgeographie
der Universität Hamburg
in Kommission bei Cram de Gruyter & Co., Hamburg

Karte 2, Blatt Hasselwerder
Schadensstelle Nr.: 31, 32

Aufnahme: BILD-Zeitung
Freigegeben durch Luftamt Hamburg 5. 4. 1962
Lfd. Nr.: 100 537

**Abb. 1 Deiche, Deichbrüche und Überschwemmungen nach der Sturmflutnacht.**

Durch die Bruchstellen strömt das Wasser am 17. 2. noch den ganzen Tag in die 3. Meile des Alten Landes. Im Hintergrund der Geestrand bei Buxtehude.

Karte 2, Blatt Hasselwerder
Blatt Finkenwerder-West

Hergestellt im Auftrage des Vermessungsamtes Hamburg durch das Vermessungsbüro N. Rüpke, Hmb.-Wandsbek, aufgenommen am 18. 2. 1962
Freigegeben unter LA 700 360

Abb. 2 **Rosengarten und Neuenfelde.**

Außendeichs ist das Wasser am 18. 2. abgezogen. Binnendeichs sind alle Ländereien überflutet. Da das Vorland an der Elbe höher liegt, kann das Wasser nicht abfließen.

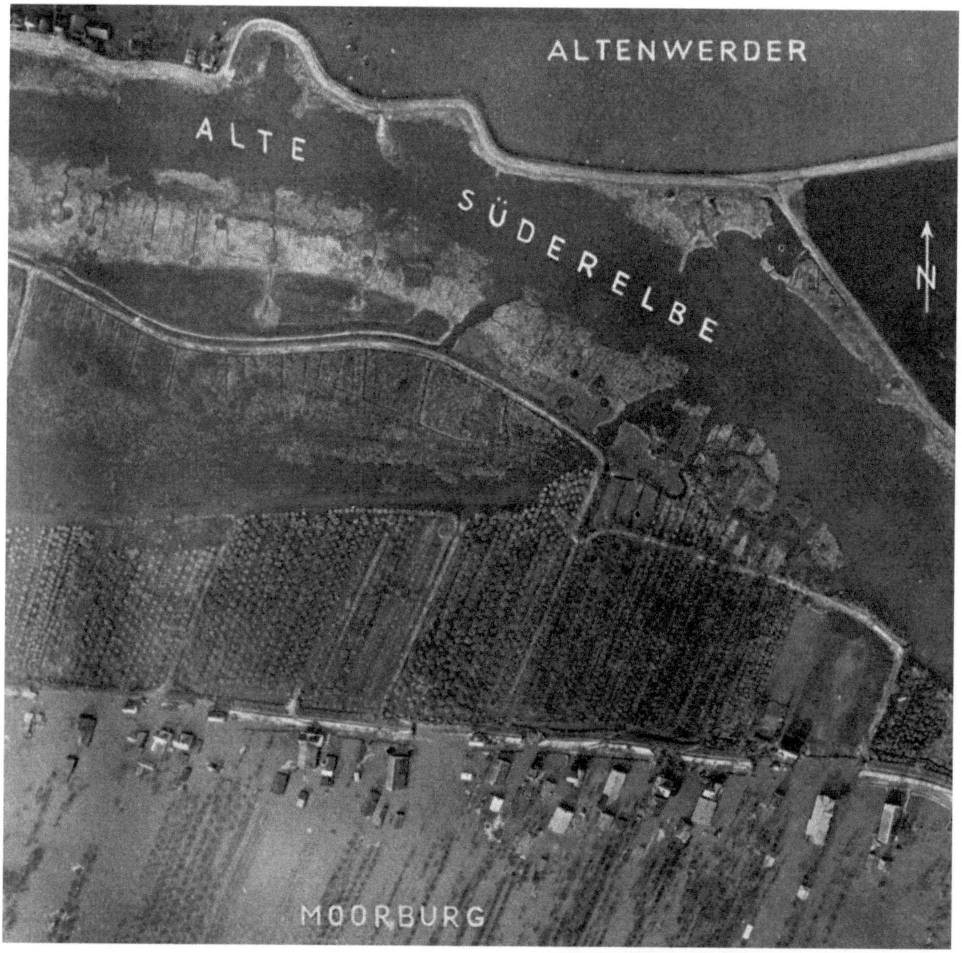


Karte 5, Blatt Moorburg-Mitte

Hergestellt im Auftrage des Vermessungsamtes Hamburg durch das Vermessungsbüro N. Rüpke, Hmb.-Wandsbek, aufgenommen am 18. 2. 1962 Freigegeben unter LA 700 360

Abb. 3 Überflutungen und starke Deichzerstörungen in Moorburg.

Karte 4, Blatt Hohenwisch
Schadensstellen Nr.: 59, 65, 67

Aufnahme: BILD-Zeitung
Freigegeben durch Luftamt Hamburg 5. 4. 1962
Lfd. Nr.: 100 536

**Abb. 4 Vorland, Deich und überflutete Marsch bei Hohenwisch.**

Binnendeichs ist die Marsch überschwemmt bis zum Geestrand; das schon freie Vorland dient als Landeplatz für die Hubschrauber.

Karte 4, Blatt Hohenwisch
Schadensstellen Nr.: 65, 67, 68

Aufnahme: BILD-Zeitung
Freigegeben durch Luftamt Hamburg 5. 4. 1962
Lfd. Nr.: 100 534

Abb. 5 **Der Grundbruch bei Hohenwisch.**

Auf 85 m Länge wurde der Deich total zerstört. Zwei Häuser wurden fortgerissen und das am Bruch liegende Haus schwer beschädigt. Es entstand ein Kolk von fast 11 m Tiefe.

Karte 3, Blatt Vierzigstücken
Schadensstellen Nr. 22, 21, 20, 19

Aufnahme: BILD-Zeitung
Freigegeben durch Luftamt Hamburg 5. 4. 1962
Lfd. Nr.: 100 535

Abb. 6 **Teilbrüche und en-bloc-Rutschungen**

auf der Innenseite des steilen, stark zerstörten Deiches in Vierzigstücken.

# VORWORT

Die Sturmflut vom 17. Februar 1962 führte im Gebiet der Freien und Hansestadt Hamburg zu sehr großen Schäden an den Deichen und in deren Hinterland. Um über die Art der Deichschäden, ihre möglichen Ursachen und den Mechanismus der Formenentwicklung allein schon aus wissenschaftlichen Gründen Klarheit zu gewinnen, habe ich unmittelbar nach der Katastrophe zusammen mit meinen Assistenten und einer Anzahl von Geographiestudenten Arbeitsgruppen gebildet, die den am stärksten betroffenen Deichabschnitt zwischen Moorburg und Cranz Meter für Meter untersucht haben. Die an jeder der insgesamt 471 Schadensstellen gemachten Beobachtungen wurden in für diesen Zweck vorbereitete Formulare eingetragen.

Insgesamt waren 4 Arbeitsgruppen im Gelände tätig. Außer den Assistenten Dr. G. Borchert, H. Schroeder-Lanz und F. Voss halfen im Gelände folgende Studenten und Studentinnen mit: Herwig Lehmann, Erich Meier-Brunkhorst, Gertrud Otremba, Hannes Pilger, Angelika Rüsch, Uwe Rust, Günter Schneider, Michael Uhlmann, Friedrich Wieneke und Heribert Wittlich.

Herr Stud. Rat F. Reßke, der als Lehrbeauftragter an der Gesamtgeographischen Abteilung des Instituts für Geographie und Wirtschaftsgeographie mitwirkt, besorgte die Aufnahme des großen Kolkes bei Hohenwisch und dessen kartographische Darstellung.

Herr Dr. Wurster vom Geologischen Staatsinstitut, der uns an einigen Tagen begleitete, steuerte die Zeichnungen 2 und 3 sowie einige Fotografien bei.

Die Auswertung der Geländebeobachtungen, die auch das Studium älterer Berichte und Karten notwendig machte, nahm mehrere Wochen in Anspruch. Heute liegt nun dieses geomorphologische Dokument über die Sturmflutschäden im Deichabschnitt Moorburg – Cranz vor. Es besteht aus 5 Karten im Maßstab 1 : 5000, die auf der Geländebeobachtung basieren, aus 4 Karten und 3 Abbildungen und aus 44 Fotos sowie einer Übersichtskarte im Maßstab 1 : 50 000 des Vermessungsamtes der Freien und Hansestadt Hamburg.

Die gesamte Arbeit ist als wissenschaftlicher Beitrag der geographischen Forschung zum Problem der geomorphologischen Wirkung von Sturmfluten in Trichtermündungen gedacht.

Mein Dank gilt allen Helfern im Gelände, meinen Kollegen Voigt und Lietz für die Bereitstellung der VW-Busse ihrer Institute, dem Leiter des Vermessungsamtes, Herrn Baudirektor Reek, der in völlig unbürokratischer Weise zusammen mit seinen Mitarbeitern die Herstellung unserer Karten unterstützte und ihren Druck besorgte. Außerdem stellte er die genannte Übersichtskarte zur Verfügung. Vor allem aber sei der Arbeit meines Kollegen, Dozent Dr. G. Borchert, gedacht. Er hat an den meisten Tagen die Feldarbeit geleitet, in den folgenden Wochen die Auswertung vorangetrieben, die Kartenherstellung überwacht und die Grundzüge des Textes entworfen.

Die vorliegende Arbeit ist das letzte Heft der Hamburger Geographischen Studien, das Fräulein Louise Rath, Bibliothekarin in der Gesamtgeographischen Abteilung des Instituts für Geographie und Wirtschaftsgeographie, redigiert und dessen Herstellung sie überwacht hat. Fräulein Rath tritt am 15. 10. 1962 nach 49 jähriger Tätigkeit am Geographischen Institut – eine im Bereich der Universität Hamburg einmalige Tatsache – in den wohlverdienten Ruhestand. In dieser langen Zeit arbeitete sie mit drei Professoren-Generationen zusammen, half unzähligen Studenten, war jederzeit hilfsbereit ohne Rücksicht auf die Dienstzeit und herrschte selbständig und traditionsbewußt in ihrem Reich. Ihre Lebenskraft widmete sie in treuer Verbundenheit dem Institut und damit ihrer Heimatstadt Hamburg. Die äußere Gestaltung und der hohe technische Stand der Hamburger Geographischen Studien, die sie vom ersten Heft an betreute, sind ihr Werk. Die vorliegende Gemeinschaftsarbeit des Instituts ist der richtige Platz ihr für ihr aufopferungsvolles Wirken herzlichst zu danken. Meine allerbesten Wünsche und die aller Hamburger Geographen begleiten Fräulein Louise Rath in die nun vor ihr liegende geruhsamere Zeit.

Zum Schluß möchte ich der Firma A. F. Blöcker, Hamburg, für die mühevolle Arbeit des Satzes der Tabellen, des Druckes der Schrift und für die nun schon Jahre währende erfreuliche Zusammenarbeit danken.

Hamburg, 1962

Albert Kolb

## INHALTSVERZEICHNIS

## KARTENVERZEICHNIS

## VERZEICHNIS DER ABBILDUNGEN

# EINLEITUNG

Die Sturmflut vom 17. Februar 1962 brachte Hamburg mit 5.70 bis 5.77 m (höchster Wasserstand bei Schulau unterhalb von Hamburg mit 5.87 m über NN) den höchsten Wasserstand seit Menschengedenken. Schwere Schäden entstanden an den Deichen der deutschen Nordseeküste. Die größten Zerstörungen richtete aber die in den Mündungstrichter der Elbe einlaufende Flutwelle an. Die Elbdeiche wurden über große Strecken beschädigt, teilweise überspült und an zahlreichen Stellen durchbrochen. Ähnlich war es an der Oste, der Schwinge, der Lühe und der Stör, kleinen Nebenflüßchen der Unterelbe, in die das Wasser hineingepreßt wurde und noch bis in die Geestrandstädte vordrang. Am schwersten betroffen wurde aber Hamburg. Während im tiefgelegenen Stromspaltungsgebiet zwischen Norder- und Süderelbe die Menschen auf den nicht ausreichend geschützten Flußmarschinseln Finkenwerder, Altenwerder, Wilhelmsburg und Georgswerder von der Flut überrascht wurden und hier die größte Zahl an Opfern zu beklagen ist (die Gesamtzahl der Flutopfer in Hamburg beträgt 312 Menschen), war die morphologische Wirkung und das Ausmaß der Deichschäden an der Alten Süderelbe zwischen Moorburg und Cranz am größten. Auf dieser Strecke von 18 km Länge brachen die Deiche an 86 Stellen. Beschädigung reihte sich an Beschädigung. Fast in dem gesamten Abschnitt stürzte das Wasser über die Deiche. Tiefe Kolke wurden ausgespült, Straßen zerstört und Häuser weggerissen. Das Vieh ertrank in den Ställen, und große Wiesen-, Acker- und Obstbaumflächen wurden mit Sand, Mauerbrocken und Torfblöcken überspült.

# A. ALLGEMEINER TEIL

## 1. Morphologie des Unterelberaumes und die Lage Hamburgs

Hamburg liegt 100 km oberhalb der Elbmündung. Die Stadtgründung erfolgte um 800 auf dem hochwasserfreien Geestsporn an der Alstermündung. Erst in späteren Jahrhunderten wuchs die Stadt in das Niederungsgebiet, die Marsch, hinein. Der Gegensatz zwischen Marsch und Geest ist ein Hauptmerkmal der Unterelbelandschaft. Die Geest besteht aus altpleistozänen Ablagerungen, Flugsanddecken und kultivierten Hochmooren. Knicks – das sind heckenbestandene Wälle – unterteilen die Wiesen und Felder mit ihren sandigen, wenig fruchtbaren Böden. Fichtenforste nehmen größere Areale ein. Der Geestrand bildet zur Marsch hin eine markante Geländekante.

## 2. Die Marschen. Entstehung, Gliederung und frühere Sturmfluten

*Marschlandschaft*

Die Marsch ist ein Niederungsgebiet, das von Deichen gegen Überflutung geschützt wird. Gräben und Wetterungen (das sind die breiten Entwässerungskanäle, die das Gebiet zur Elbe oder deren kleinen Nebenflüssen über Schleusen entwässern) teilen die Flur in ca. 16 m breite, handtuchförmige, bis über einen Kilometer lange Acker-, Wiesen- und Weidenstücke. Am Deich verläuft die Siedlungszeile, und hier auf dem höher gelegenen Landstreifen in Flußnähe konzentriert sich auf den leichteren Böden der Obst- und Gartenbau. Der Deich, jeder Graben, jedes aufgeworfene Beet zeugt von der jahrhundertelangen Arbeit der Menschen, die hier dem Elbstrom eine fruchtbare, von bäuerlichem Fleiß gekennzeichnete Kulturlandschaft abgerungen haben.

*Entstehung der Marsch*

Die Schmelzwässer der letzten Vereisung haben in die altpleistozäne Oberfläche ein über 10 km breites, tiefes Urstromtal eingegraben. Bei Hamburg nähern sich die Geestränder auf 10 km, unterhalb von Wedel ist das Urstromtal 30 km breit. Es war einst etwa 20 m unter die heutige Marschenoberfläche eingetieft. Mit der postglazialen Meerestransgression drang die Nordsee in diese Talung ein; bei zunehmender Vernässung bildete sich zunächst der Basistorf, der dann überschlickt wurde. Der weitere Anstieg des Meeresspiegels bewirkte eine fortschreitende Sedimentation, wobei sich wechsellagernde Schichten von Schilftorf (Darg), Schluff und Ton bildeten. In dieser Urlandschaft durchzog ein Netzwerk von Fleeten, das sind Verzweigungen der Elbe, das Inselgewirr zwischen den Geesträndern. Am Stromstrich bildeten sich Uferwälle aus Feinsand, während die tonigen Bestandteile in stillerem Wasser weiter zum Geestrand hin transportiert und dort abgelagert wurden. Den Geestrand begleitete eine Zone, in der Reet- und Binsenbestände zur Niederungsmoorbildung führten.

*Landnahme und Sturmfluten*

Die Besiedlung setzte auf den hochwasserfreien, sandigen Platen am Hauptstromstrich an. Die Häuser wurden zunächst auf Wurten errichtet. Die Bedeichungen begannen im 12. Jahrhundert. Zunächst sicherte man einzelne Platen durch Ringdeiche; ein derartiger Ringdeich ist im Rosengarten (Karte 2) noch erhalten. Diese nunmehr flutgeschützten Gebiete

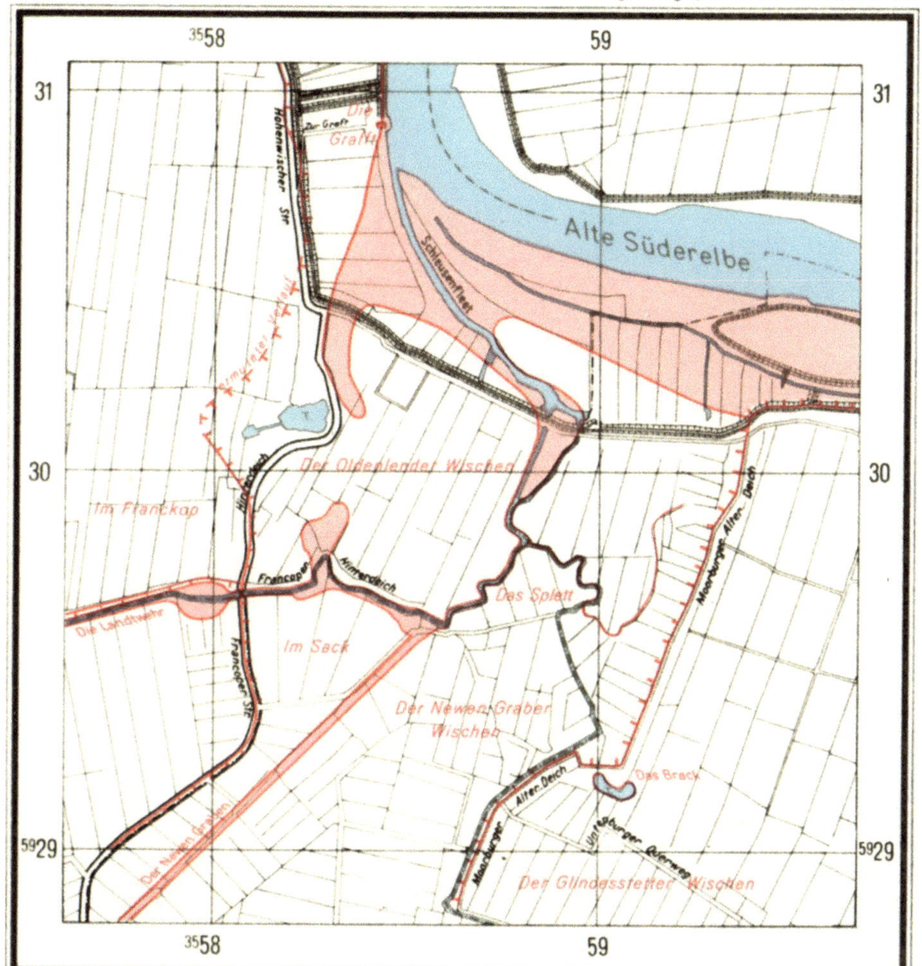


Ausschnitt der Straßenkarte von Hamburg 1 : 20000
mit Genehmigung des Vermessungsamts der Baubehörde Hamburg

Offsetdruck: Vermessungsamt der Baubehörde (1962)

# Deich und Alte Süderelbe bei Hohenwisch 1577 und 1961

rot = Grundriß von 1577 nach der Karte von Frese

| | | |
|---|---|---|
| festgestellter | Deichverlauf 1577 | Uferlinie 1577 |
| vermuteter | | seit 1577 verlandet |

Entwurf: Institut für Geographie und Wirtschaftsgeographie der Universität Hamburg

wurden durch Sedimente nicht weiter aufgehöht, während im Vorland die Sendimentation andauerte; hier liegt daher das Land heute mehr als einen halben Meter höher als hinter den Deichen.

In den folgenden Jahrhunderten wurde – man könnte sagen in Form von Kögen – das eindeichungsfähige Land dem höher gelegenen Landstreifen an der Elbe angegliedert, und allmählich wuchsen die Platen zusammen. Dadurch wurde der Flutraum immer mehr eingeengt. Da nunmehr bei Sturmfluten die natürlichen Überschwemmungsgebiete fehlten, brach sich das Wasser gewaltsam Bahn. Deichgeschützte Inseln mit großen Kirchdörfern inmitten fruchtbarer Ländereien (Seestermühe 1375, Eckhorst, Bishorst 1745, Asfleth) wurden fortgerissen.[1]) Das 14., 17. und 18. Jahrhundert, besonders die Jahre 1362, 1375, 1634, 1662, 1678, 1685/86, 1717/18, 1720, 1726, 1736, 1745, 1751, 1756 und 1814 brachten gefährliche Sturmfluten mit schweren Zerstörungen. Immer wieder brachen die mehr und mehr erhöhten und verstärkten Deiche. Die Bracks hinter den Deichen sind noch heute Zeugen der schweren Grundbrüche.

Deicherhöhungen, Eindeichungen und Landabbrüche führten dazu, daß die Elbe im Laufe der Zeit zu einem geschlossenen Strom eingeengt wurde. Die alten Flußarme in den Marschen, die Fleete, verlandeten und wurden durchdeicht. Sie sind heute in der Marschenlandschaft als langgezogene, vernäßte, tieferliegende, unregelmäßige Flurstücke zu erkennen (vergl. Karte 2, Hasselwerder Punkt 27 und 31/32). Auch bei Hohenwisch griff ein Elbarm in das Land, wie aus der Karte von Frese von 1577 zu ersehen ist.[2])

Die Bewohner der Marsch waren durch das „Spadelandesrecht" zum Deichbau und zur Unterhaltung der Deiche und des Grabensystems verpflichtet. In dieser genossenschaftlichen Ordnung, die sich bis heute erhalten hat, wurde eine Überprüfung durch das „Schauen" der Deiche und Gräben vorgenommen. Aber trotz unermüdlicher Arbeit von Generationen und ständiger Verbesserung der Deiche rissen Sturmfluten an Schwächestellen – wie bei Hohenwisch – immer wieder Lücken in den Schutzwall. In der Sturmflut von 1634 drang Salzwasser bis über Glückstadt elbaufwärts und führte zur Versalzung der überfluteten Marschen, so daß 10 Jahre lang nichts gedeihen konnte.[3]) Ein verheerendes Ausmaß hatte dann vor allem die Sturmflut in der Nacht zum 4. Februar 1825. Das Wasser erreichte +5.24 m NN und überspülte alle Deiche. Es war der höchste Wasserstand, den die Chroniken bis dahin verzeichneten. In den folgenden Jahrzehnten wurden die alten Deiche wiederhergestellt und verstärkt oder neue Deichlinien gezogen. Man brachte sie auf eine Sollhöhe von 5.80 m NN. Bis auf kleine Brüche hielten diese Deiche der Sturmflut vom 2. 1. 1855 (+5.11 m NN) und

1) Detlefsen, D.: Geschichte der holsteinischen Elbmarschen. 2 Bände. Glückstadt 1891 und 1892
Siemers, H. P.: Der Obstbau an der Niederelbe. Schriften der Wirtschaftswissenschaftlichen Gesellschaft zum Studium Niedersachsens e. V. Neue Folge, Band 27. Hannover 1948

2) Harburg und Umgebung, geconterfeit und gerissen durch Daniel Frese zu Lüneburg 1577 (Original im Staatsarchiv Hannover, Signatur 31 g – 6 k).

3) Detlefsen, D.: Geschichte der holsteinischen Elbmarschen. 2 Bände, Glückstadt 1891 und 1892. Band 2, S. 77.

auch den 27 Fluten, die seit 1825 mehr als + 4.00 m NN erreichten, stand. Auf Grund dieser Erfahrungen schienen die Marschen gesichert zu sein.

*Anstieg des Wasserspiegels der Nordsee*

Durch die Sturmflut in Holland am 1. Februar 1953 wurde man veranlaßt, die Deichhöhen an der deutschen Küste ebenfalls zu überprüfen, zumal eine 1938 erfolgte Untersuchung der Pegelstände von Cuxhaven gezeigt hatte, daß der Wasserspiegel der Nordsee seit langer Zeit ansteigt. Der Anstieg macht 29 cm im Jahrhundert aus.[4]) Verglichen mit 1825 läuft heute das mittlere Hochwasser 40 cm höher auf. Da man außerdem feststellte, daß durch Sackungen des Untergrundes und Setzen des Deiches die ursprüngliche Sollhöhe nicht mehr gewährleistet war, wurde für die Elbdeiche bei Hamburg nunmehr eine neue Sollhöhe von + 6.20 m NN festgesetzt. Aber was sollte dem Land schon passieren, das dank der nach 1825 erhöhten bzw. neuerrichteten Deiche seit über 100 Jahren von Überflutungen verschont geblieben war!

Inzwischen hatte man die letzten Landstreifen des alten Urstromtales zum Geestrand hin in die intensive Landnutzung einbezogen. Elbewärts drang der Obstbau über die Winterdeiche in Ländereien vor, die z. T. durch niedrige Sommerdeiche, z. T. überhaupt nicht gegen Hochfluten gesichert waren.

*Landschaftliche Gliederung der Elbmarschen*

In einem Idealprofil kann man die Marsch vom Geestrand her in folgende Zonen gliedern:

| | |
|---|---|
| **Talsandterrassen:** (nicht überall vorhanden) | Sandige bis humossandige, dem Geestrand vorgelagerte Terrasse der Urstromtalphase der Elbe. Ackerbau (Kartoffeln, Getreide), Blockflur. |
| **Randmoorsenke:** | Kultiviertes Niederungsmoor mit hohem Grundwasserstand (sekundär trat z. T. Hochmoorbildung ein). Gegen die Marsch durch Lanner-Wetterung sowie zumeist durch einen Hinter- oder Achterdeich abgegrenzt. Blockflur mit Wiesen und Viehweiden. |
| **Sietland:** | Sehr schwere, dichte Tonböden mit hohem Grundwasserstand. Breite Gräben, Flurstücke flach gewölbt. Ackerbau, Wiese, einige Obstgärten. Regelmäßige Langstreifenflur. |
| **Hochland:** | Leichtere, feinsandige Tonböden (Schluff) mit tiefem Grundwasserstand. Gräben tief und weniger breit, Flurstücke (Beete) stark gewölbt. Obstgärten, Viehweiden. Am Winterdeich (Haupt- oder Wehrdeich) Siedlungszeile. Marschhufenflur. Im etwas höher gelegenen Altsiedelland und in vernäßten, erst später gewonnenen Fleetniederungen unregelmäßige, kleinparzellierte Flur. |

4) Hensen, W.: Über die Ursachen der Wasserstandshebung an der Deutschen Nordseeküste. Die Bautechnik 16, 1938, S. 8 f.

Hamburger Geographische Studien Heft 16, Karte 7

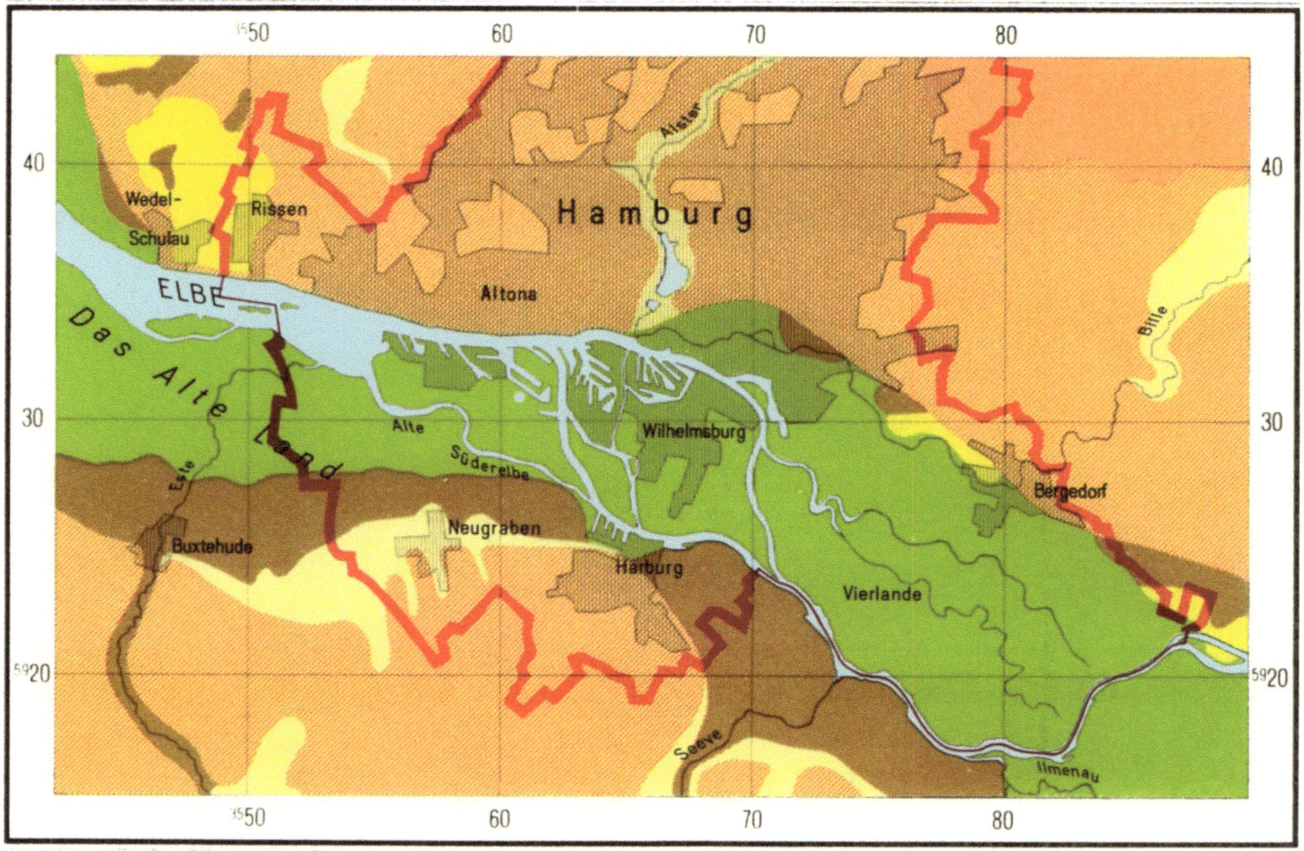


Entwurf: Institut für Geographie und Wirtschaftsgeographie der Universität Hamburg — Offsetdruck: Vermessungsamt der Baubehörde (1962)

Landschaftliche Gliederung der Umgebung von Hamburg. Maßstab 1 : 300 000

Marsch — Moor — Sander und Talsandterrassen — Flugsanddecken und Dünen — Jung-Moräne — Alt-Moräne — Landesgrenze

**Außendeichsland:** (nicht überall vorhanden)

Durch Sommerdeiche (diese halten kleinere, sommerliche Hochwässer ab) gesichertes, höheres Land mit zumeist tonigen Feinsand- und Schluffböden. Acker- und Obstbau, Wiesen und Viehweiden. Grabensystem und Fluraufteilung von der Durchlässigkeit der Böden abhängig. Sowohl Blockflur als auch Langstreifenflur.

**Vorland:** (nicht überall vorhanden)

Bei mittlerem Hochwasser nicht vom Wasser überflutetes Land vor den Deichen. Wiesen vorherrschend, einige Obstanlagen. Tonige Feinsandböden, Grabensystem zumeist nur wenig ausgebaut. Block- und Streifenflur. Zur Elbe hin Abbruchkante oder Schilf- und Binsenstreifen.

### 3. Die Sturmflutwetterlage vom 17. Februar 1962

*Wetterlage*

Der Sturmflut vom 17. Februar war eine Woche mit stürmischen Winden aus westlichen Richtungen vorausgegangen. Das Azorenhoch war in dieser Zeit äußerst kräftig ausgebildet. Es hatte sich in der Richtung auf den Kontinent verlagert. An der Nordflanke des Hochs wurde ein Tief entlanggesteuert, das sich bei Neufundland gebildet hatte und über Island rasch nach Südskandinavien zog. Die Kaltfront überquerte Norddeutschland am 12. 2. um die Mittagszeit, wobei der Wind in Hamburg volle Orkanstärke erreichte und schwere Schäden an Häusern und Bäumen anrichtete. Auf der Rückseite des Tiefs bildete sich anschließend eine zyklonale Nordwestlage mit lebhaften Winden aus Nordwest (13. – 15. 2.). Inzwischen war ein weiteres Sturmtief von Neufundland her am Nordrand des Azorenhochs entlanggesteuert worden. Es erreichte am 16. 2. Südskandinavien. Die Kaltfront überquerte am Mittag Norddeutschland mit Orkanböen. Weitere Orkanböen folgten; mit ihnen war über Hamburg um 15.30 Uhr ein schweres Gewitter verbunden. „Die mittlere Windstärke (Stundenmittelwert) blieb mit 7 Beaufort trotz der schweren Böen niedriger als bei dem vorausgegangenen Sturmtief. Aber dafür hielten die starken Winde länger an. Am 12. / 13. Februar lag die mittlere Windstärke 24 Stunden bei 6 Beaufort und mehr, am 16. / 17. 45 Stunden".[5] Das Tief vom 12. / 13. Februar brachte größere Windgeschwindigkeiten, aber der Sturm hielt nur etwa halb so lange an, wie bei dem nachfolgenden am 16. / 17. Februar.

*Auswirkungen auf den Wasserstand*

Schon durch das erste Sturmtief waren erhebliche zusätzliche Wassermassen in die Nordsee geführt, und eine leichte Sturmflut verursacht worden. Im Gebiet der Elbe kam es zur Überflutung der Sommerdeiche. Während der folgenden zyklonalen Nordwestlage wurden die Wassermassen in der Nordsee gehalten, während im Elbegebiet in dieser Zeit bei abflauenden Winden die Fluthöhen in den normalen Schwankungsbereich absanken. Das am 16. Februar heranziehende zweite Sturmtief fand im Nordseeraum bereits angestaute Wassermassen vor, vergrößerte sie und erzeugte einen übernormalen Stau in der Deutschen Bucht.

5) Wetterkarte des Seewetteramtes. Jhg. 10, 1962, Nr. 60.

Durch die rasche Aufeinanderfolge der beiden Tiefs, die Erhaltung des Staus und durch das lange Anhalten des Sturmes am 16./17.2. kam es zur größten bisher bekannten Sturmflut mit 4.10 m über MThw (= + 5.70 m NN) in der Elbe (MThw = Mittleres Tidehochwasser). Andauer und Intensität des Sturmes können aber durchaus noch größer sein. Dies läßt den Schluß zu, daß vom Windstau her gesehen noch größere Sturmfluten auftreten können.

Nach dem Durchzug des Sturmtiefs stellte sich die zyklonale Nordwestlage wieder ein, aber glücklicherweise folgte kein weiteres Tief. Es entwickelte sich vielmehr am 21.2. über Fennoskandien ein Hoch; dadurch drang bei ruhigem Wetter kontinentale Kaltluft nach Nordwestdeutschland ein. Bei Frösten um $-2°$ bildete sich auf den weiten Wasserflächen im Überschwemmungsbereich schnell eine Eisdecke, die erst Ende März abtaute. Chroniken kann man entnehmen, daß auch in früheren Jahrhunderten häufig auf eine Sturmflut Frostwetter folgte, wodurch weitere Schäden entstanden.

### 4. Die Wasserstände der Elbe

*Ebbe und Flut im Hamburger Raum*

Windstau und astronomisch bedingte Tide bestimmen die Wasserstände in der Elbe. Im Hamburger Gebiet macht sich dazu noch in ganz geringem Maße die Abflußmenge des Oberwassers (Wasserführung der Elbe oberhalb von Hamburg) bemerkbar. Das MThw liegt für den Pegel Hamburg-St. Pauli bei + 1.60 m NN. Ohne die Deiche würde also der größte Teil der Marschen und der Randmoorsenke an der Unterelbe bei jedem normalen Hochwasser überflutet werden, wobei das Wasser durch die Fleete und Nebenflüsse einfließen würde. Da das MTnw (Mittleres Tideniedrigwasser) bei −0.7 m NN liegt, fiele das Gebiet bei der nachfolgenden Ebbe wieder trocken. Der mittlere Tidehub beträgt also im Hamburger Raum 2.30 m. Das mittlere Hochwasser erreicht dabei nicht den Deichfuß, da der Winterdeich auf dem Hochland an der Elbe verläuft und noch durch das Außendeichsland sowie das Vorland geschützt ist.

*Flut, Ebbe und Elbeoberwasser am 16./17.2.1962*

Das Wasser läuft in Hamburg etwa 5 Stunden lang auf (Flut); die Ebbe (ablaufendes Wasser) dauert 7 Stunden 20 Minuten. Die Gezeitenströmung macht sich normalerweise bis zum Ort Zollenspieker bemerkbar. Am 17. Februar reichte der Flutstrom 13 km weiter flußauf bis Geesthacht. Der Rückstau in der Oberelbe wirkte sich noch bis Blekkede aus, da das Wehr bei der Staustufe Geesthacht bereits am 16.2. nachmittags (14 Uhr) gelegt worden war. Die Oberelbe hatte an diesem Tag eine Wasserführung von 1050 $m^3$/sec. Diese lag damit über der mittleren Wasserführung von MQ = 700 $m^3$/sec aber noch weit unter der beobachteten absolut höchsten Abflußmenge von HHQ = 3840 $m^3$/sec. Die Oberwassermenge machte daher am 16./17.2. etwa 5% der Flutwassermenge aus, die während der Sturmflut bei Schulau stromauf gelaufen war ($21 \cdot 10^6 m^3$ Oberwasser und $406 \cdot 10^6 m^3$ Flutwassermenge bei Schulau).[6]

6) Hensen, W.: Bericht des vom Senat der Freien und Hansestadt Hamburg berufenen Sachverständigenausschusses zur Untersuchung des Ablaufs der Flutkatastrophe. Anlage 2, S. 17 und 19.

Bei Cuxhaven war nach W. Hensen [7]) die Wassermenge, die in die Elbe hineingedrückt wurde, dreimal so groß wie bei einer mittleren Tide. Vor allem kann man den Pegelaufzeichnungen entnehmen, daß der hervorgerufene Windstau, das ist der Höhenunterschied zwischen dem eingetretenen und dem vorausberechneten Wasserstand, 10 Stunden lang um 360 cm schwankte. Ein derartig lang anhaltender Windstau wurde bislang nicht beobachtet. In Hamburg lag dadurch das Niedrigwasser am Vormittag des 17. 2. noch fast 1.20 m über MThw. Damit reichte das Wasser selbst bei Niedrigwasser an die Deiche heran und strömte noch den ganzen Tag durch die zahlreichen während der Hochflut des 17. 2. in der Zeit von 1.15 Uhr bis 2.40 Uhr entstandenen Deichlücken in das binnendeichs gelegene Land. Das folgende Nachmittagshochwasser, das wieder mehr als + 4 m NN erreichte, verstärkte erneut den Wassereinbruch in das Hinterland.

Die Sturmflut vom 17. 2. war keine Springflut. Dagegen traf das Windstaumaximum zeitlich mit dem Tidehochwasser zusammen. Die Sturmflut ist also durch den Wetterablauf seit dem 12. 2. bedingt gewesen. Da sowohl eine Springtide, als auch ein noch stärkerer Windstau und höheres Oberwasser gleichzeitig eintreten können, läßt sich die Fluthöhe von + 5.70 m NN nicht als das absolute Maximum ansehen.

*Ab- oder Zunahme der Sturmflutgefahr*

Eine Korrelation mit früheren Hochwasserständen ist schwierig, da durch Vertiefungen der Fahrrinne, durch Leitdämme und Eindeichungen im gesamten Bereich der Unterelbe, sowie durch Hafenbauten im Stromspaltungsgebiet und neue Sperrwerke an den Nebenflüssen die Verhältnisse im Flutraum ständig verändert wurden. Noch zu Beginn des 19. Jahrhunderts mußten 4 bis 5 m tiefgehende Segelschiffe eine günstige Flut abpassen, um über die Sände bei Altona und Blankenese hinwegzukommen. Die großen Segler lagen dort mitunter tagelang fest. Das Fahrwasser war bei Niedrigwasser nicht einmal 3 m tief, während heute in der Fahrrinne der Elbe – 11 m MTnw gehalten werden. Gegenwärtig erfolgt der Ausbau auf – 12 m. Später sollen – 13 m MTnw erreicht werden.

Haben diese Strombaumaßnahmen nun zu einer Erhöhung der Sturmflutwasserstände in Hamburg geführt? Noch 1955 kam W. Hensen [8]) zu dem Ergebnis, daß sich „zweifellos die Auflaufhöhe von Sturmfluten in Hamburg vermindert hat", da die seit 1866 ausgebauten Hafenbecken als Entlastungspolder wirken. In seiner Stellungnahme von 1962 [9]) schreibt er dagegen: „Die Ausbauten in und an der Elbe, in ihren Nebenflüssen und im Hafen Hamburg haben insgesamt das Auflaufen der Sturmfluten begünstigt". Er hat damit im Gegensatz zu seinen Ausführungen von 1955 aus dem gleichen Beobachtungsmaterial, vermehrt um die Erfahrungen der Sturmflut, den Schluß gezogen, daß sich

7) Hensen, W.: ebenda S. 17.

8) Hensen, W.: Stromregelungen, Hafenbauten, Sturmfluten in der Elbe und ihr Einfluß auf den Tideablauf. In: Hamburg – Großstadt und Welthafen – Festschrift zum XXX. Deutschen Geographentag. Kiel 1955, S. 60 – 94.

9) Hensen, W.: Bericht des vom Senat der Freien und Hansestadt Hamburg berufenen Sachverständigenausschusses zur Untersuchung des Ablaufs der Flutkatastrophe. Anlage 2, S. 15.

der mittlere Tidenhub tatsächlich vergrößert hat, „weil eine entgegengesetzte Wirkung aus dem unbehinderten Auflaufen der Tidewelle in der Elbe eingetreten ist." [10])

Die Wirkung der tiefen Hafenbecken und der 3 bis 5 m mächtigen Aufschüttungen auf die Hochwasser lassen sich schwer zu den Verhältnissen in Beziehung setzen, die ohne die Hafenausbauten auf den früher hier vorhandenen Werderflächen im Stromspaltungsgebiet der Elbe eingetreten wären. Die Überlegungen von W. Hensen [11]) können jedoch auf keinen Fall zutreffen. Er ist der Meinung, daß durch den Ausbau der Hafenbecken 9 $km^2$ überschwemmbarer Werderflächen heute fehlen, die bei der großen Sturmflut $27 \cdot 10^6 m^3$ Flutwasser hätten aufnehmen können. Da jedoch die Hafenwasserfläche nach seinen Angaben genau der früheren Werderfläche entsprechen soll, und das Hochwasser ungehindert in die Hafenbecken einlaufen kann, wären auf Grund der Berechnung von W. Hensen keine Überschwemmungsflächen verlorengegangen. Tatsächlich entsprachen die früheren Werderflächen aber nicht nur den Wasserflächen der Hafenbecken. Sie waren vielmehr wesentlich größer. Von diesem größeren Areal gingen jedoch in den letzten Jahrzehnten erhebliche Teile als natürlicher Überschwemmungsraum durch allerlei Aufschüttungen und Bauten verloren. Allein durch diesen früher vorhandenen Überschwemmungsraum wurde der Stau in der Elbe vergrößert.

In früheren Jahrhunderten haben die Rauhigkeit des natürlichen Flußbettes, das Pendeln des Stromstriches, seine Möglichkeiten zur Ausuferung bei Hochwasser, die Sandbänke, Inseln und Kolke die Energie der Flutwelle in der Elbe zweifellos stärker aufgezehrt als heute. Unter den veränderten Bedingungen lassen sich damit Pegelstände [12]) und Beobachtungen früherer Sturmfluten kaum genetisch zur Wasserhöhe und zur Flutwassermenge vom 17. 2. in Beziehung setzen, wie es im Bericht des vom Senat der Freien und Hansestadt Hamburg berufenen Sachverständigenausschusses zur Untersuchung des Ablaufs der Flutkatastrophe auf den Seiten 9 und 10 in Anlage 2 geschieht. Man kann auf Grund der Wasserhöhe nicht einmal sagen, ob die Sturmflut vom 17. 2. 1962 oder die vom 4. 2. 1825 die stärkere gewesen ist. Wir wissen auch nicht, welches Ausmaß unter den gegenwärtigen Verhältnissen eine Flut wie die von 1825 in der Unterelbe heute haben würde. So bleiben von den früheren Sturmfluten nur die absoluten Pegelstände von Wert, da sie uns etwas über die Standfestigkeit der Deiche bei derartigen Beanspruchungen aussagen können.

10) Hensen, W.: ebenda S. 11.
11) Hensen, W.: ebenda S. 11/12.
12) Hamburg - St. Pauli: Beobachtungen seit 1841, Schreibpegel seit 1843.

## Sturmfluten bei St. Pauli
## über + 400 cm NN (Normalnull) seit 1825

| Höhe | Datum |
|---|---|
| 524 | 4. 2. 1825 |
| 496 | 21. 10. 1845 |
| 483 | 9. 4. 1847 |
| 430 | 9. 11. 1850 |
| 428 | 10. 1. 1852 |
| 511 | 2. 1. 1855 |
| 432 | 17. 12. 1873 |
| 423 | 20. 3. 1874 |
| 426 | 13. 12. 1880 |
| 466 | 15. 10. 1881 |
| 450 | 23. 12. 1894 |
| 415 | 7. 12. 1895 |
| 438 | 13. 3. 1906 |
| 459 | 13. 1. 1916 |
| 448 | 17. 2. 1916 |
| 454 | 2. 12. 1917 |
| 428 | 23. 10. 1921 |
| 401 | 19. 12. 1923 |
| 456 | 10. 10. 1926 |
| 434 | 12. 10. 1926 |
| 418 | 13. 12. 1929 |
| 447 | 23. 11. 1930 |
| 464 | 18. 10. 1936 |
| 418 | 1. 12. 1936 |
| 418 | 19. 10 1941 |
| 411 | 2. 3. 1945 |
| 415 | 16. 1. 1954 |
| 435 | 22. 12. 1954 |
| 415 | 23. 12. 1954 |
| 426 | 12. 2. 1962 |
| 413 | 16. 2. 1962 |
| 570 | 17. 2. 1962 |

Diese Tabelle wurde freundlicherweise vom Strom- und Hafenbau der Freien und Hansestadt Hamburg, Strombauabteilung, Gewässerkunde einschl. Pegeldienst, zur Verfügung gestellt.

## B. SPEZIELLER TEIL

### 1. Die Deiche vor der Sturmflutkatastrophe

Der Wert eines Deiches richtet sich nach seiner schwächsten Stelle. Deichhöhe, Deichprofil, Deichführung und Deichzustand bestimmen die Sturmflutsicherheit des in seinem Schutze liegenden Landes. Die geringste Deichhöhe gibt den maximalen Hochwasserschutz an. Die Standfestigkeit des Deiches ist abhängig vom Untergrund, vom Baumaterial und der inneren Struktur, vom Querschnitt und der Linienführung, von den Bauten und Bäumen am Deich, von den Wühlgängen und vom jahreszeitlichen Zustand. Ein niedriger Deichabschnitt ist als Gefahrenquelle offensichtlich; Schwächestellen im Deichaufbau werden jedoch zumeist erst dann sichtbar, wenn der Deich beschädigt oder teilweise zerstört ist.

*Eigenart der Kleideiche*

Die Deiche im Untersuchungsgebiet bestehen aus Klei. Klei ist Marschenton, der aus dem Unterboden nach Entfernung der Ackerkrume ausgehoben (gekleit) wird. Das Material läßt sich nur in einem mäßig feuchten Zustand zum Deichbau verwenden und nur in flachen Schichten einstampfen. Die Setzung des Materials ist nicht groß. Die ursprüngliche Deichhöhe vermindert sich aber durch das Setzen und Sacken des Untergrundes als Folge der Belastung, durch anthropogene Einflüsse und in geringem Maße auch noch durch die abspülende Wirkung von Starkregen.

*Deichhöhe*

Besonders große Sackungen werden dort erreicht, wo im Untergrund mächtigere Moorschichten vorhanden sind. Das ist stellenweise auf der Strecke zwischen Moorburg und Cranz der Fall. Daher weisen die Deiche in diesem Abschnitt nicht mehr überall die alte Sollhöhe von +5.80 m NN auf. In Moorburg erreichten sie streckenweise nur noch eine Höhe von +5.40 m NN; man hat hier außerdem die Abwehrkraft des Deiches dadurch geschwächt, daß man ihn in die Obst- und Gemüsegärten einbezog, ja sogar Häuser und Schuppen auf ihm errichtete. In dem anschließenden Abschnitt zwischen Hohenwisch und Neuenfelde erreicht die Deichhöhe durchweg +5.60 bis +5.70 m NN. Nur bei der Kirche in Neuenfelde und vor dem großen Brack in Francop ist der Deich etwas höher; er wurde an diesen Stellen am 17. 2. auch nicht überflutet. In dem weiter stromabwärts gelegenen letzten Abschnitt zwischen Neuenfelde und dem Estesperrwerk wurde der Deich 1958/59 auf +6.50 m NN aufgehöht und verstärkt. Das Wasser erreichte dort nicht die Deichkrone.

*Deichprofil*

Das Deichprofil ist im Untersuchungsgebiet sehr unterschiedlich. Nur auf der kleinen Strecke unterhalb der Estemündung, wo der Deich am Elbstrom liegt, hat er eine breite Sohle und zum Fluß hin einen Böschungswinkel von 17 bis 24° (Neigung 1 : 3 bis 1 : 2.5); die Innenseite ist wesentlich steiler. Auf der übrigen Strecke zwischen der Estemündung und Moorburg, wo die vielen Beschädigungen und Brüche erfolgten, wurden Böschungswinkel bis zu 45° (Neigung 1 : 1) sowohl auf der Außen- als auch auf der Innenseite gemessen.

Diese Elbdeiche haben zwar nur die Aufgabe der Hochwassersicherung. Sie brauchen nicht wie die Seedeiche den anbrandenden meterhohen Wellen standzuhalten. Aber bei Böschungswinkeln bis zu 45° und einer Kronenbreite von nur 1 bis 2 m wird der bei Sturmflut auftretende Wasserdruck für derartige Kleideiche gefährlich. Außerdem ist bei diesen übersteilen Böschungen die Standfestigkeit des Kleis nicht mehr gewährleistet; es kommt leicht zum Abrutschen des durchfeuchteten Materials.

*Deichzustand*

Die Deiche befanden sich zu Beginn des Jahres 1962 in keinem guten Zustand. Früher wurde das Gras durch weidende Schafe ständig kurz gehalten. Seitdem keine Schafe mehr gehalten werden, wird das Gras nur noch zweimal im Jahr geschnitten. Zur Zeit der Flutkatastrophe waren die Deichböschungen von einem Filz langen, dürren Grases überdeckt. Unter diesem Teppich war der Klei weich und locker; er bildete ein willkommenes Biotop (Lebensraum) für Regenwürmer, Maulwürfe und Wühlmäuse. Durch den Wetterablauf vor der Sturmflut hatte die Oberfläche weiterhin eine gute Frostgare erhalten. Die Ursache dafür lag in dem strengen Frostwetter (bis −14°) während des Dezembers. In den darauffolgenden Wochen wurde dann bei wechselhaftem, regnerischem Westwindwetter der aufgefrorene Boden gut durchfeuchtet. Als die Sturmflut die Deiche angriff, war als Folge dieses Witterungsablaufes und der verfilzten Grasdecke der Boden nicht widerstandsfähig, und der Deich daher verhältnismäßig leicht angreifbar. Eine Herbstflut hätte die Deiche in einem weit besseren Zustand angetroffen, denn in dieser Jahreszeit ist der Kleiboden trokken, dicht und wasserabweisend.

Die Widerstandsfähigkeit war auf einigen Strecken auch dadurch geschwächt, daß die Deichkrone als Gehweg benutzt wurde. In diesen Abschnitten hatte man die Deichkrone mit Schlacken befestigt oder Steine verlegt. Das bei der Sturmflut darüber hinwegspülende Wasser hat dieses Material sogleich weggeschwemmt und die Kleidecke darunter erosiv angegriffen. Auch tiefe Wagenspuren auf der Deichkrone und der Berme (Fahrwege auf der Innen- und Außenseite des Deiches) dienten als Ansatzlinien für die zerstörende Arbeit des Wassers.

Am äußeren Zustand des Deichabschnittes zwischen Neuenfelde und dem Estesperrwerk war nur wenig zu beanstanden. Hier waren alle Stützmauern und Slöpe ausgebessert oder erneuert und auf die Höhe des verstärkten Deiches gebracht worden (Slöp = Deichdurchlaß für Fahrzeuge; das Slöp wird bei Hochwasser durch eine doppelte Bohlenwand mit dazwischen eingestampftem Mist geschlossen). Die optimale Abwehrkraft des Deiches war jedoch hier durch einen schalenförmigen Aufbau geschwächt. Diese Schalenstruktur war dadurch entstanden, daß man bei der Erhöhung und Verstärkung des Deiches die alte, durchwurzelte Deichoberfläche nicht vollständig entfernt hatte. Auch Ziegelsteine und Grand blieben teilweise liegen, so daß keine enge Verbindung zwischen dem alten Kleikern und der neuen Kleidecke entstand.

*Lage des Deiches zum Strom*

Bei Hinterbrack (Karte 1) reicht der Deich bis an die Elbe und ist durch eine Packung grober Geschiebe an der Außenböschung gesichert. Die Fahrrinne im Strom liegt vor dem Steilufer bei Blankenese. Im Gegensatz zu den außerhalb des Untersuchungsgebietes gelegenen exponierten Deichabschnitten von Grauerort, Twielenfleth und Wisch setzt der Strom bei Hinterbrack also nicht mehr gegen den Deich, so daß hier die Steinpackung von Gras überwuchert wurde. Während nun an den sehr gefährdeten drei Stellen elbabwärts keine Schäden entstanden, räumte die Sturmflut am 17. 2. bei Hinterbrack die Grasdecke ab und riß mit dem Grasfilz einen Teil der Steine heraus, so daß der ganze Verband gelockert wurde.

Auf der übrigen Strecke zwischen Cranz und Moorburg erreicht der Winterdeich an keiner Stelle die Elbe. Vor ihm liegen das von Sommerdeichen geschützte Außendeichsland oder ein mehr oder minder breites ungeschütztes Vorland. Diese Ländereien grenzen an die Alte Süderelbe, die sich im Zustand langsamer Verlandung befand. Sie fiel bei Niedrigwasser stellenweise ganz trocken. Reet bedeckte die Schlickflächen, und selbst bei Flut war es schwierig, mit einem flachgehenden, kleinen Segelboot die Alte Süderelbe zu durchfahren. Bei der Sturmflut preßte sich aber eine gewaltige Wassermasse in diesen Stauraum, der nach der Sturmflut durch den Bau eines Deiches zwischen Finkenwerder und dem Rosengarten abgedämmt wurde.

Schon am Nachmittag des 16. 2. reichte das Wasser bis an den Winterdeich, alles Vor- und Außendeichsland war überflutet, und nur die Obstbäume markierten die Fluraufteilung. Bis zu diesem Zeitpunkt unterschied sich die Sturmflut nicht von all den voraufgegangenen der letzten Jahrzehnte. Schützend lagen noch vor den Siedlungen der Winterdeich und der Ringdeich des Rosengartens. Der gewundene Verlauf der Deiche und die umdeichten Bracks gemahnten jedoch an die schweren Deichbrüche vergangener Jahrhunderte, in denen man die zerstörten Deiche immer wieder zusammengestückelt hatte.

## 2. Die Zerstörungen vom 17. Februar 1962

### a) Fluthöhe und Deichhöhe

*Ablauf der Sturmflut*

Das Nachthochwasser am 16. 2. lag um 2.30 Uhr mit + 2.10 m nur einen halben Meter über mittlerem Hochwasser. 11 Stunden später strömte bereits das Wasser über die Sommerdeiche bei Moorburg, Hohenwisch, Francop und Vierzigstücken. Diese Sommerdeiche von etwa 2 m Höhe schützen das Land bis zu einem Hochwasser von + 3.00 bis + 3.50 m NN. Das Nachmittagshochwasser am 16. 2. erreichte um 16.00 Uhr aber schon + 4.00 m NN. Am Rosengartendeich (Karte 2), der nur eine Höhe von + 4.30 bis + 4.60 m NN aufweist, stand das Wasser zu diesem Zeitpunkt einen halben Meter unter der Deichkrone.

Das Niedrigwasser trat kurz vor 21.00 Uhr mit einem Wasserstand von + 2.75 m NN (MTnw: − 0.70 m NN) ein. 2½ Stunden später wurden + 4.00 m NN erneut überschritten (der Pegel „Auf der Graft", Blatt Hohenwisch Punkt 109, war inzwischen ausgefallen, ebenso der Pegel von Altenwerder). Nunmehr wurde der Rosengartendeich in seiner

## Windverhält
## während der Sturmflut

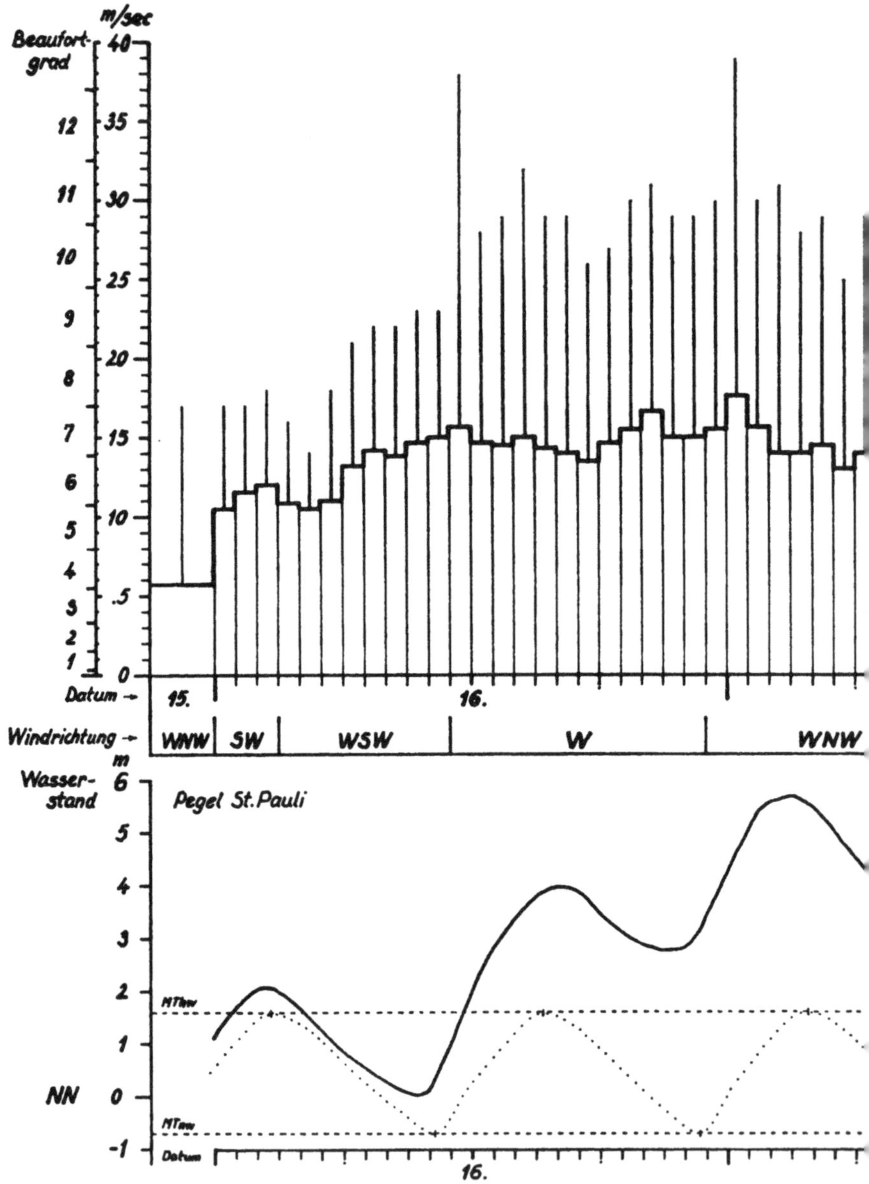


Zeichnung 1 Pegelstand

7. Februar 1962

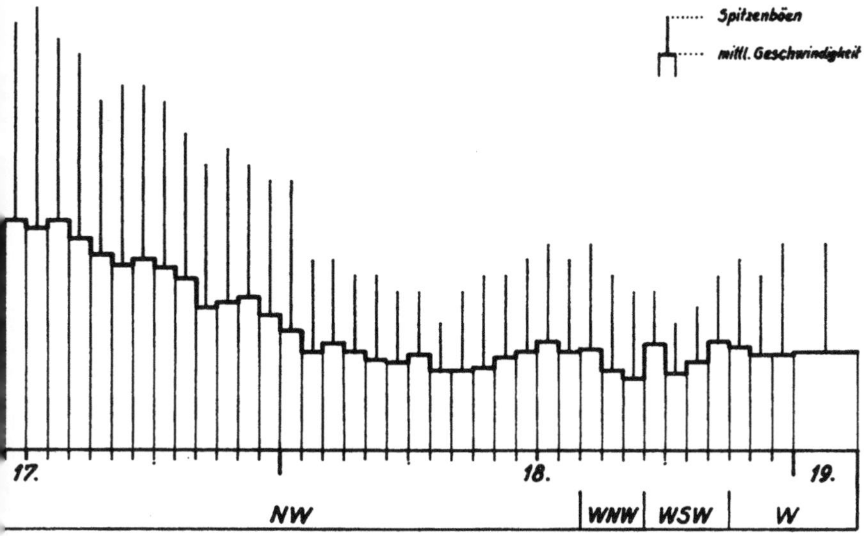


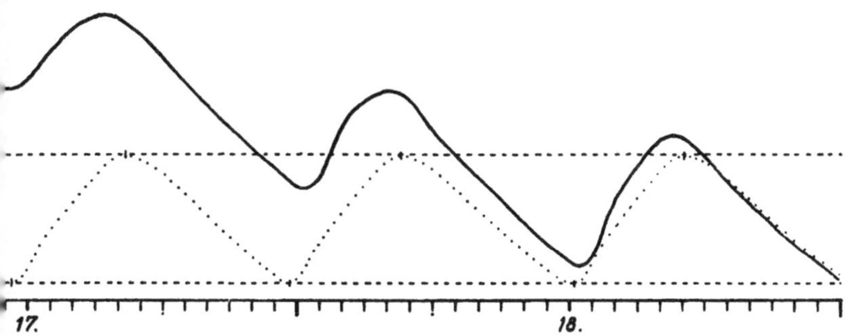


e und Windverhältnisse

ganzen Länge überflutet; der Rosengarten lief voll. Gegen 0.30 Uhr (17. 2.) schlugen die ersten Wellen bei Neuenfelde über den 5.60 bis 5.70 m hohen Winterdeich. Das Wasser aber stieg weiter und erreichte schließlich 5.87 m NN [13]). Es floß wie bei einem Wehr in breitem Schwall über den Deich. Um 1.15 Uhr erfolgte der erste Deichbruch in Neuenfelde (Karte 2, Finkenwerder-West Nr. 24). Inzwischen lief auf der ganzen Strecke zwischen Neuenfelde und Moorburg das Wasser in einer Mächtigkeit von 1 bis 3 dm über die Deiche. Nur kleine Deichabschnitte in Francop und Moorburg wurden vom Wasser nicht überspült (siehe Karten 2–5; die dicke grüne Linie hinter dem Deich gibt die nicht überfluteten Deichstrecken an). Bis 3 Uhr war dann zwischen der Estemündung und Moorburg der Winterdeich an 53 Stellen gebrochen (insgesamt mit Sommerdeichen 86 Total- und Teilbrüche zwischen Moorburg und der Landesgrenze). Das Wasser ergoß sich durch die entstandenen Lücken in die 3. Meile des Alten Landes, die nunmehr als zusätzlicher Auffangraum diente. Selbst das brachte aber nur wenig Entlastung. Erst ab 3.30 Uhr sank das Wasser als Folge der kurz vor 3 Uhr einsetzenden Ebbe langsam unter die Höhe der Deichkronen ab. Über 3 Stunden lang war das Wasser über die Deichkronen geströmt. Danach schoß das Wasser noch 16 Stunden lang durch die zahlreichen Bruchstellen; denn nur wenige Teilbrüche fielen bei Niedrigwasser trocken (bei Niedrigwasser am 17. 2., 11 Uhr, ging das Wasser nur auf +2.80 m NN zurück; das Nachmittagshochwasser stieg erneut auf +4.10 m NN (vergl. Zeichnung 1).

Der auf +6.50 m NN erhöhte Deich östlich des Estesperrwerkes wurde nicht überflutet. Deutlich war der höchste Stand des Wassers und des Wellenschlages 50 cm unter der Deichkrone überall zu erkennen. Westlich des Estesperrwerkes hatten die Wellen an niedrigen Stellen über den Deich hinweggeleckt und auf der Innenseite das Gras gekämmt. Dieses gekämmte Gras war bei der Kartierung ein Indiz für die Überflutung. Vor allem aber konnte die Überflutungshöhe der Deiche aus dem Gras- und Schilfbehang in den Bäumen des Außendeichslandes ermittelt werden. Mit einem Horizontalglas wurde diese Wasserstandsmarke bei der Kartierung auf den Deich herübergeholt. (Abb. 7) In den Tabellen (siehe Abschnitt D) ist für zahlreiche Schadensstellen die Überflutungshöhe angegeben.

*Überflutungshöhe*

Höhere Wasserstände traten bei der Sturmflut lokal durch Stau auf. So bildete der Damm der Industriebahn nach Finkenwerder einen Riegel im Hochwasserbett der Alten Süderelbe. Bei der Sturmflut mußte sich das Wasser durch den viel zu engen, überbrückten Durchlaß pressen. Flutmarken zeigten in dieser Stauzone einen maximalen Wasserstand von +7.00 m NN. Ein geringer Stau konnte auch noch etwas weiter östlich in der Alten Süderelbe entstehen, wo die durch die Alte Süderelbe und den Köhlbrand einlaufenden Flutwellen zusammentrafen. Auch bei dem weit zurückspringenden Deich am Neuenfelder Hafen (Karte 2, Hasselwerder) wird lokal bei den nordwestlichen Winden ein Stau eingetreten sein.

13) Nach Mitteilung des Oberdeichgrafen Hauschildt am Neuenfelder Fährdeich 121 gemessen.

Die Sturmflut vom 17. 2. 1962 hat gezeigt, daß die Deiche um mehr als 1 m zu niedrig waren. Man hatte sie nach den Erfahrungen der Sturmflut vom 4. Februar 1825 gebaut und ihnen eine zusätzliche Sicherheitshöhe von 50 cm gegeben. Wieder einmal hat sich bewahrheitet, daß ein Deich niemals überflutet werden darf, wenn er das Land schützen soll. Ein überfluteter Kleideich wird zerstört.

Moorburg und das Gebiet der 3. Meile wurden bis an die Talsandterrassen durch das überfließende und einströmende Wasser überschwemmt. Hochland, Sietland und Randmoorsenke standen je nach Höhenlage des Geländes 1.20 bis 2.20 m unter Wasser. Nur die Kirchwurt in Neuenfelde wurde nicht überflutet.

### b) Typen der Deichschäden

Wie aus den Karten 1 bis 5 und der Übersichtskarte 1 : 50 000 zu ersehen ist, wurden die Deiche entlang der Alten Süderelbe am schwersten in Mitleidenschaft gezogen. 86 Deichbrüche und 385 Deichbeschädigungen sind auf den Karten verzeichnet; die tatsächliche Anzahl der Schadensstellen ist jedoch größer, da aus Gründen der Lokalisation eng beieinanderliegende, kleinere Beschädigungen in einem Punkt zusammengefaßt werden mußten.

Es wurden unterschieden: Deichbrüche, Deichbeschädigungen an der Außenseite (Brandungsschäden) und Deichbeschädigungen an der Innenseite. Aus der Arbeit im Gelände ergaben sich Typen von Deichschäden, die der Kartierung zugrunde gelegt wurden und im folgenden kurz beschrieben werden sollen.

#### a) *Deichbrüche*

**Teilbruch**

Bei einem Teilbruch ist die Krone des Deiches vollkommen zerstört; vom Deichfuß bleibt jedoch noch ein Teil (zumeist an der Außenseite) stehen. Der unzerstörte Deich setzt mit steiler Profilwand an der Bruchstelle an (Abb. 6, 8, 9). Genetisch sind die Teilbrüche Kappenstürze, d. h. durch Überflutung entstanden.
Im Bruch wurden folgende Formen beobachtet:

*Erosionsformen*

Das durch den Bruch schießende Wasser hat häufig einen Kolk ausgestrudelt. Dieser kann bis zur Hälfte in das Deichprofil einerodiert sein und einen Durchmesser bis zu 40 m erreichen; er ist maximal 3 bis 4 m tief (Abb. 10, 11). Zwischen dem stehengebliebenen Deichrest und dem Kolk konnte an zahlreichen Stellen ein gestufter Abfall beobachtet werden. Es ist durchaus möglich, daß die Stufen durch die schichtweise beim Deichbau eingebrachten Kleilagen und durch die prismatische Struktur des Deichkörpers bedingt sind (Abb. 12). Dort, wo kein Luftsauerstoff an den Klei gelangt, liegt das Eisen im Deichkörper in zweiwertiger Form vor. Der Ton ist blaugrau, schmierig und kompakt. Wo dieses gegen die Erosion sehr widerstandsfähige Material, der sogenannte Reduktionskern, innerhalb des Deiches freigelegt wurde, entstanden runde Formen. Eine Längsrinne im Deich wurde dann ausgespült, wenn feinsandiger Schluff als Deichbaumaterial verwendet worden war. Die Rinne liegt etwas binnenwärts der ursprünglichen Krone. Der innere Deichfuß kann dabei erhalten geblieben sein (Abb. 13).

### Totalbruch

Bei einem Totalbruch ist der Deich in seinem gesamten Querschnitt zerstört, und der Kolk reicht durch den Deich hindurch ins Vorland. Der stehengebliebene Deich setzt unmittelbar und steil an (Abb. 1, 5, 14, 15).

Die Totalbrüche sind zumeist aus Teilbrüchen hervorgegangen. In einzelnen Fällen wurde ein Deichabschnitt nicht allmählich durch Erosion von der Innenseite her zerstört, sondern geschlossen durch den Druck des Wassers zum Wanken und schließlich zum Bersten gebracht.

Bei einem sogenannten Grundbruch dagegen drückt das Wasser durch das Fundament des Deiches und bringt ihn zum Einsturz. Bei einem Grundbruch entsteht ein großer, tiefer Kolk, der umdeicht werden muß und als Brack noch Jahrhunderte lang von den Folgen einer Sturmflut zeugt. Am 17. Februar kam es nur bei Hohenwisch zu einem Grundbruch (Abb. 5, 14, 16).

β) *Deichbeschädigungen*

Es wurden beobachtet und auf den Karten unterschieden:

### Rasenabschälen

Das überströmende Wasser hat Steine, Grand oder Schlacken auf der Deichkrone ausgespült und die Grasdecke auf der Innenseite abgekrempelt. Auch an jeder Trittspur und jedem Grasbult riß und wühlte das Wasser, so daß der Deich ein pockennarbiges Aussehen erhielt (Abb. 17).

### Rasenabsetzen

In der Grasdecke ist unterhalb der Deichkrone ein Abriß entstanden. An der Böschung hat sich der durchwurzelte, feuchte Lockerboden etwas gesetzt (Abb. 8). Rasenabsetzen führt häufig zu

### en-bloc-Rutschungen

Der durchfeuchtete Lockerboden ist dabei auf dem kompakten Kleikern abgerutscht. Am Deichfuß bilden sich Wülste, Erdgletscher und Rasenschollen (Abb. 19, 20, 21).

### Erosionskolk

Das über den Deich stürzende Wasser hat auf der Innenseite Wannen und steilwandige Nischen ausgekolkt. Bäume, Masten, Pfosten und ähnliche Hindernisse bilden häufig den Ansatzpunkt für die Entstehung eines Erosionskolkes (Abb. 22, 23, 24, 25).

### Erosionsrinne

Das über den Deich schießende Wasser hat eine Rinne unterschiedlicher Größe ausgeräumt. Die Zerstörung an der Deichböschung ist geringer als beim Erosionskolk. Zwischen Rinne und Kolk sind Übergangsformen vorhanden. Erosionsrinnen setzen häufig an Deichübergängen an (Abb. 25, 26).

### Brandungsschaden

An der Außenseite der Deiche wird durch den Wellenschlag Klei ausgespült. Einzelne Grasbulte werden herausgerissen. Vereinzelt treten auch ähnliche Deichbeschädigungen wie auf der Innenseite auf. Eine Steinpackung kann zerschlagen werden.

### Brandungsschaden mit Kliff

Bei starkem Wellenschlag, also an exponierten Deichabschnitten, entsteht ein Kliff bis 1 m Höhe; am Deichfuß werden Kleigerölle bis 15 cm Durchmesser abgelagert (Abb. 7).

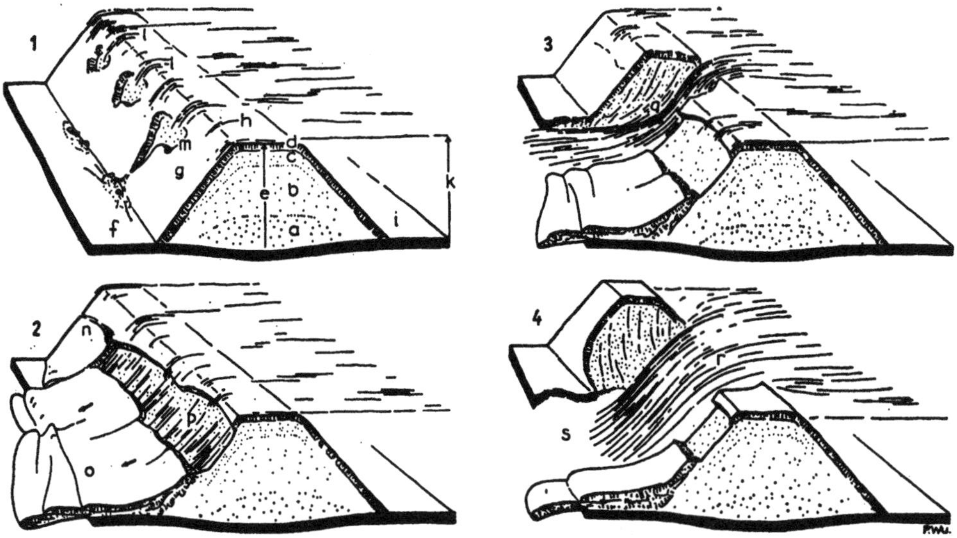


Zeichnung 2 **Deichschäden durch überfließendes Wasser (stark überhöhte Blockskizzen).**

1. **Erosive Beschädigung der Grasnarbe an der Innenböschung**

| | | |
|---|---|---|
| a) Deichkern | f) Binnendeichsland | k) Hochwasserstand |
| b, c) Deichaufhöhungen | g) Innenböschung | l) Überflutung |
| d) Grasnarbe | h) Deichkrone | m) Erosionsschäden |
| e) Deichhöhe | i) Außendeichland | |

2. **Rasenabsetzen und en-bloc-Rutschung als Folge der Durchfeuchtung**

   n) Rasenabsetzen    o) en-bloc-Rutschung mit Wulstbildung    p) entblößter Deichkörper

3. **Teilbruch:** q) Eine Erosionsrinne hat durch rückschreitendes Einschneiden die Deichkrone durchnagt.

4. **Totalbruch:** r) Deichlücke    s) Kolk

Führt ein großer Wühlgang durch den Deich, so spült das Wasser hindurch; an der Innenseite wird die Austrittsöffnung erosiv vergrößert und am Deichfuß ein kleiner Schwemmkegel aufgeschüttet (Hasselwerder 38, Abb. 8).

Eine En-bloc-Rutschung mit Wandbildung weist darauf hin, daß in der Längsrichtung des Deiches zunächst ein Kernriß entstanden, und danach entlang dieser Trennfuge die Innenböschung abgebrochen ist. Derartige Kernrisse treten vor allem dort auf, wo einem übersteilen Deich ein standfestes Fundament fehlt und ein Graben oder Brack unmittelbar am Deichfuß ansetzt (Abb. 44).

*Kartierung der Deichschäden*

Nach diesem System der Deichschäden wurde die Kartierung im Gelände von 4 Arbeitsgruppen durchgeführt. Es wurde für jede Schadensstelle ein Karteibogen angelegt, in der Art, Ausmaß und Form des Schadens, Daten des Deiches und der Überflutungshöhe sowie Beobachtungen hinsichtlich möglicher Ansatzpunkte eingetragen wurden. Die Formulare für Deichbrüche und Deichbeschädigungen unterschieden sich und waren auf die jeweiligen Erfordernisse abgestimmt. Die Schadenskartei als Urmaterial wird im Institut für Geographie und Wirtschaftsgeographie der Universität Hamburg verwahrt.

*Schadenskartei*

*Kartierung der Schwemmfächer*

Nachdem das Wasser aus dem überfluteten Gebiet durch die Schleusen wieder abgelaufen war, konnte noch die Ausdehnung der Schwemmfächer und die Lage von Torfbrocken in die Blätter der Deutschen Grundkarte einkrokiert werden. Die Schwemmfächer weisen sehr unterschiedliches Material auf; die Skala reicht von großen Mauerbrokken, Autos und Teilen der Straßendecke über Ziegelsteine und Kleibrocken bis zu Feinsand und Schluff (Abb. 29, 30, 31, 32). Die Gräben beeinflußten die Fließrichtung des Wassers und bilden häufig die Begrenzung des Schwemmfächers. Am Rosengartendeich ist der Schwemmfächer durch 50 cm hohe Wälle aus Deichmaterial begrenzt; unmittelbar hinter der Bruchstelle und im zentralen Teil des Schwemmfächers wurde kein Material gefunden.

### c) Verteilung der Schadensstellen

Schon ein flüchtiger Blick auf die 5 morphologischen Karten der Deich- und Flurbeschädigungen läßt erkennen, daß die Deiche zwischen Moorburg und Cranz eine weit größere Zahl von Beschädigungen an der Innenböschung (insgesamt 325) als an der Außenböschung (insgesamt 60) erlitten. Die größten Zerstörungen richtete also das über die Deiche strömende Wasser entlang der Alten Süderelbe an. Bei schnell steigendem Wasser, und unter dem Schutz des Vorlandes mit dem weitflächigen Obstbaumbeständen, konnte nur an wenigen Stellen ein kraftvoller Wellenschlag aufkommen und die Deiche von außen her annagen. Anders war es bei Hinterbrack (Karte 1, Nr. 20–22), wo in Exposition zur Elbe die Wellen gegen den Deich brandeten und fast auf der ganzen Strecke die Außenböschung zerstörten. Ganz allgemein vertragen die steilen Flußdeiche aus Klei entlang der Unterelbe keinen Wellenschlag. Außerhalb des Untersuchungsgebietes wurden z. B. vom Kleideich in der Haseldorfer Marsch zwischen der Pinnaumündung und

Scholenfleth durch Abrasion 25 bis 30% des Profils fortgerissen. Der Deich hielt und hatte keine Beschädigungen auf der Innenseite. Aber es mußten zur Sicherung hier etwa 50—60000 Sandsäcke pro km auf den Deichrest gepackt werden. Im Gegensatz dazu haben die mit Steinen bewehrten Deiche an den Gefahrenpunkten der Unterelbe die Sturmflut ohne nennenswerten Schaden überstanden.

*Beschädigung der Sommerdeiche*

Die Beschädigung der Sommerdeiche ist im allgemeinen geringer als die der Winterdeiche. Das Wasser überflutete die Sommerdeiche schnell; bei der geringen Höhe und der flachen Innenböschung traten durchweg keine großen Beschädigungen auf. Nur dort, wo wie bei Hohenwisch und Neuenfelde das Brechen des Winterdeiches eine starke Strömung auslöste, wurden auch die Sommerdeiche auf breiter Front zerstört (Abb. 13).

*Fünf Abschnitte mit Deichbrüchen*

Auffällig ist die Häufung der Deichbrüche in 5 Abschnitten: bei Neuenfelde, in Vierzigstücken, bei Francop, Hohenwisch und in Moorburg-Mitte. Dabei liegen die Totalbrüche, bis auf den Grundbruch von Hohenwisch, alle westlich von Neuenfelde sowie in Moorburg-Mitte, d. h. dort, wo entweder der Stau am größten oder die Deiche am niedrigsten waren. Das Ausmaß der Beschädigungen war hinter den Teilbrüchen und den Totalbrüchen etwa gleich, wenn man von dem Grundbruch bei Hohenwisch absieht. Die einschießende Wassermasse muß auf Grund der Größe des transportierten Materials Strömungsgeschwindigkeiten von 5 m/sec erreicht haben (Abb. 31, 32, 34). Das Wasser schoß in den tiefen Gräben und Wetterungen landeinwärts und riß noch in 2 km Entfernung von der Bruchstelle auf der Straße nach Rübke die Asphaltdecke ab. Direkt hinter einer Bruchstelle überstanden nur wenige Häuser den Anprall des Wassers.

## 3. Die Beobachtungen an den Schadensstellen

### a) Totalbrüche

Insgesamt sind im Winterdeich 9 Totalbrüche entstanden. 3 lagen in Moorburg-Mitte, 4 am erhöhten Neuenfelder Fährdeich und je einer in Hinterbrack beim Strand-Café und in Hohenwisch.

Der erhöhte Neuenfelder Fährdeich wurde nicht überflutet. Hier entstanden die Totalbrüche dadurch, daß der Deich dem Wasserdruck nicht standhielt. Das bedeutet, daß für den an dieser Stelle vorhandenen Deichquerschnitt bei einem Wasserstand irgendwo zwischen +5.11 bis +5.70 m der kritische Punkt der Standfestigkeit erreicht wurde und der Deich an schwachen Stellen zu zerbrechen begann. Nur so lassen sich die Brüche Hasselwerder 31, 32 und 40 erklären. Bei Hasselwerder 40 (gebrochen 2.45 Uhr) stößt binnendeichs eine alte Wetterung auf den Deich. An dieser Stelle war früher eine Schleuse vorhanden.

*Kritischer Punkt der Deichfestigkeit*

*Hasselwerder 31, 32, 40*

Zwischen Hasselwerder 31 und 32 bestand ein Brack. In diesem Abschnitt sickerte zunächst Wasser an verschiedenen Stellen durch den Deich. Um 2.20 Uhr [14]) geriet er ins Wanken und brach. Es entstanden

14) Nach Auskunft des Oberdeichrichters Hauschildt.

die Totalbrüche 31 und 32. Ob bei Punkt 31 das erste Wasser entlang einer Rohrleitung oder vielleicht auch durch ein früher hier beobachtetes Bisamrattenloch eingedrungen ist, konnte nachträglich nicht mehr festgestellt werden. Die Wucht des durch die Bruchstelle einströmenden Wassers war so groß, daß von einem bezugsfertigen Haus nur das zerbrochene Fundament erhalten blieb, während die Mauerbrocken über den Schwemmfächer verstreut wurden (Abb. 32). Für Punkt 32 läßt sich aus den Flurformen entnehmen, daß hier früher ein Fleet zur Elbe führte. Somit war auch hier eine Schwächestelle gegeben. Ob die Totalbrüche durch den inneren Aufbau des Deiches begünstigt waren, ließ sich nicht mehr feststellen. Es konnte nämlich nicht geklärt werden, ob hier zwischen dem alten Kern und der Aufhöhung von 1958/59 ein fester Verband entstanden war, oder ob der Schalenaufbau eine potentielle Schwäche für den Deich bedeutet hat. Übrigens konnte man an dem Bruch Hasselwerder 32 nicht nur die Erhöhung von 1958/59 erkennen, sondern noch besser diejenige, die nach der Sturmflut von 1825 vorgenommen worden war (Abb. 15). An den in diesem Bereich stehengebliebenen Deichabschnitten waren nur geringe Beschädigungen festzustellen. Das ist auf die 1958/59 erfolgte Deicherhöhung zurückzuführen, die eine Überflutung verhinderte.

*Hasselwerder 27*

Am Totalbruch Hasselwerder 27 wurde der Deich überflutet. Zunächst rutschte die Innenböschung ab, dann entstand ein Kappensturz. Das einströmende Wasser der Nachmittagsflut am 17. 2. erodierte schließlich die Bresche tiefer aus. Beim Totalbruch Hinterbrack 13 wurde der Deich ebenfalls zunächst überflutet und dann zerstört. Das Strand-Café dürfte hier einen schweren Bruch verhindert haben; denn nachträglich wurde in der Nachbarschaft des Bruches durch Bohrungen festgestellt, daß unter einer Auflagerung von 4.70 m Klei eine 4 m mächtige Torfschicht lagert. Diese Torfschicht wurde durch die Erosion nicht erreicht. Wäre eine Auskolkung bis in die Moorschicht erfolgt, so hätte dieser Bruch wegen der unmittelbaren Nachbarschaft der Elbe verheerende Ausmaße annehmen können. Glücklicherweise fing jedoch das Bauwerk des Strand-Cafés die Kraft des einströmenden Wassers ab. Der Untergrund war durch das Gebäude zusätzlich belastet, so daß das Moor nicht auftreiben konnte. Heute ist diese gefährdete Stelle durch eine bis in das Liegende des Moores reichende Holzspundwand abgesichert.

*Hinterbrack 13*

*Hohenwisch 68*

Die schwersten Zerstörungen entstanden am Totalbruch bei Hohenwisch. Hier soll bereits am 12. 2. Wasser binnendeichs emporgequollen sein. Am 17. 2. sprudelte nach Auskunft der Anwohner erneut Wasser aus dem Untergrund. Einige Zeit später begann die Überflutung der Deichkrone. Etwa zur gleichen Zeit gab der Deich auf einer Breite von 80 m nach; er wurde gleichsam weggeschoben. Durch das einströmende Wasser wurden zwei Häuser völlig weggerissen, ein weiteres und zwei Scheunen so schwer beschädigt, daß sie abgebrochen werden mußten. Unmittelbar vor der Bruchstelle wurden außendeichs zahlreiche große Obstbäume entwurzelt oder in Fließrichtung des Wassers umgeknickt. Binnendeichs hat das Wasser westlich der zerstörten Neugrabener Straße eine der besten Obstbaumflächen des Alten Landes völlig verwüstet.

*Hohenwisch 68* Vor dem Bruch bildeten sich Erosionsrinnen, die in den Kolk hineinführten. Sand und Torf wurden bis zu einer Tiefe von – 10.70 NN herausgespült (Abb. 4, 14, 29, 30, 31). Am 24. 3. wurde von einer Arbeitsgruppe des Instituts der Inhalt des Kolkes mit 26 900 m³ ermittelt. Die auf dem Schwemmfächer abgelagerten Torfbrocken haben ein Gesamtvolumen von etwa 900 m³. Die Übersandungsmächtigkeit erreichte 0.85 m. Kantsteine der Straße wurden 100 m weit transportiert, große Kleibrocken des Deiches noch weiter. Der Schwemmfächer hat eine maximale Länge von 800 m. Die Strömung hat sich an dem auf einer Wurt errichteten Gehöft „Brackenburg" in zwei Richtungen geteilt. Dabei wurde der südliche Strom in seiner Fließrichtung durch das Grabensystem gelenkt. Die Torfbrocken wurden größtenteils in den Gräben abgelagert, und auch die seitliche Begrenzung des Schwemmfächers fällt häufig mit einem Graben zusammen (vergl. Karte 9). Wie Karte 8 erkennen läßt, liegt die größte Tiefe des Kolkes vor einem sehr steilen Abfall. Dieser Steilabfall und die ihn nach oben abschließende Erosionskante gehen wahrscheinlich auf die Wirkung eines hier vorhanden gewesenen Gebäudes zurück, durch dessen Gewicht das Material des Untergrundes verdichtet wurde und damit der Erosion größeren Widerstand leisten konnte.

Der Totalbruch bei Hohenwisch ist ein Grundbruch. Er entstand an einer latenten Schwächestelle des Deiches. Davon künden allein schon die drei Bracks in unmittelbarer Nähe. Auch an der Stelle des Bracks von 1962 war schon einmal ein tiefer Kolk. Die alten Bracks sind bereits auf dem Kartenblatt Wilhelmsburg der topographischen Landesaufnahme des Kurfürstentums Hannover von 1764–86 verzeichnet. Die Ursache für die häufigen Deichbrüche an dieser Stelle liegt in einem früher hier vorhandenen toten Elbarm. Er ist noch auf der Freseschen Karte von 1577 verzeichnet (vergl. Karte 6) und dann allmählich nach der Ausbildung von Schilfdickichten und Erlenbruch endgültig verlandet. Nur eine dünne Kleidecke wurde darüber abgelagert. Zwischen dem Elbdeich und dem Hinterdeich trifft man überall oberflächlich oder in ganz geringer Tiefe auf Niederungsmoortorf. Die Bohrprofile[15]) weisen nur eine 1 m dicke Kleischicht aus. Der Torf hat eine Mächtigkeit von 3 m, darunter lagert Sand. An derartigen Punkten wird es stets schwerfallen, einen sicheren Deich zu errichten, da der Untergrund immer wieder nachgeben kann und dann kein noch so mächtiger Deich Schutz bietet.

### b) Teilbrüche

Dort, wo das Wasser zuerst über den Deich lief, konnte es erosiv eine Lücke in die Krone nagen. Da an den Deichübergängen zumeist eine Vertiefung in die Deichkrone getrampelt war, setzten hier mit großer Regelmäßigkeit Erosionsrinnen an (Abb. 35). Von Minute zu Minute vertiefte sich eine solche Rinne und weitete sich nach den Seiten aus, bis das Wasser in breitem Schwall durch die sich immer mehr vergrößernde Öffnung schoß. Dadurch wurden die angrenzenden Deichabschnitte entlastet und z. T. auch nicht mehr überflutet. Teilbrüche sind also durch Überlaufen und Kappenstürze entstanden.

15) Nach freundlicher Mitteilung des Geologischen Landesamtes Hamburg.

*Finkenwerder-West 24*

In der geschilderten Weise ist es auch zum ersten Bruch innerhalb des Untersuchungsgebietes (Karte 2, Finkenwerder-West 24) gekommen. Um 0.30 Uhr begann an dieser Stelle das Wasser über den Deich zu laufen. Um 1.15 Uhr hatte es den Deich bereits durchsägt. Die Erosionsarbeit wurde dadurch erleichtert, daß hier schon 1825 der Deich gebrochen war. Zur Verstärkung des Deiches hatte man bei der Schließung der Lücke damals zwei Pfostenreihen in die aufgeschüttete Kleierde eingelassen, um dieser mehr Halt zu geben. Die Pfosten waren inzwischen vermodert. Die an ihrer Stelle entstandenen Hohlräume begünstigten das erosive Zerstörungswerk des einbrechenden Wassers (Abb. 36).

*Hasselwerder 4*

Auch bei dem Bruch Hasselwerder 4 (Karte 2) wurde ein alter Bruch freigelegt. Deutlich waren noch die Soden zu erkennen, die man damals in die Bruchstelle hineingeschichtet hatte (Abb. 37). Trotz der langen Zeit waren die Grassoden nicht zu einem homogenen Deichkern umgewandelt worden. Man ersieht daraus, wie wichtig es ist, daß kein deichfremdes Material zur Schließung von Bruchstellen verwendet wird.

*Hohenwisch 73*

Das Ausmaß der Teilbrüche war sehr verschieden. Dies hängt u. a. auch vom Deichmaterial und von der Dauer der Erosionsarbeit des Wassers ab. Der Teilbruch Hohenwisch 73 (Karte 4) war am wenigsten in den Winterdeich eingetieft. Die Bruchstellen reichten von der Deichkrone nur 1.50 m bis 2.00 m in den Deichkern hinab. An diesem Bruch setzt ebenso wie beim Bruch Vierzigstücken 14 kein Schwemmfächer an, da das Material in die hinter dem Deich gelegenen alten Bracks geschüttet wurde.

*Vierzigstücken 22, 20, 19*

Bei dem Teilbruch in Vierzigstücken ist dagegen der Deich bis auf einen geringen Rest an der Außenböschung zerstört (Abb. 6, Vierzigstücken 22, 20, 19). Die Kolke reichen bis zur Mitte in den Deich hinein, wobei die Vertiefung der Bruchstellen vor allem während des Nachmittagshochwassers am 17. 2. geschah. Die einzelnen Schwemmfächer der Teilbrüche in Vierzigstücken sind durch Überlappung zu einem großen Schwemmfächer zusammengewachsen, wobei Mauerbrokken hinter dem Bruch 24 bis zu 350 m weit über die Beete verteilt wurden.

*Bäume, Pfosten, Bauwerke als Ansatzpunkte der Erosion*

Ein Baumbestand am Deich hat sich immer nachteilig ausgewirkt. Bäume an der Innenböschung bildeten bei Überflutung des Deiches Ansatzpunkte für die Erosion. Bäume an der Außenböschung wachsen mit ihren Wurzeln deichaufwärts. So lockern sie den Klei und ermöglichen dem Wasser, entlang den Wurzeln in den Deich einzudringen (Abb. 38). Generell muß man sagen, daß jedes Bauwerk, jeder Pfosten, auch Bäume, Gehwege und vor allem Fahrwege eine Gefahr für den Deich mit sich bringen. Deutlich wird dies in Abbildung 39 aus Moorburg. Dort wurde der Deich als Zufahrtsweg benutzt; Wagenspuren sind in der Krone ausgefahren. Durch den Druck wurde das Material verdichtet. Es bildeten sich Scherflächen zur äußeren, lockeren Deichböschung hin. An den Wagenspuren setzte die Erosion an, entlang der Scherflächen drang das Wasser ein, bis dann schließlich auch der standfestere Kern zerstört wurde.

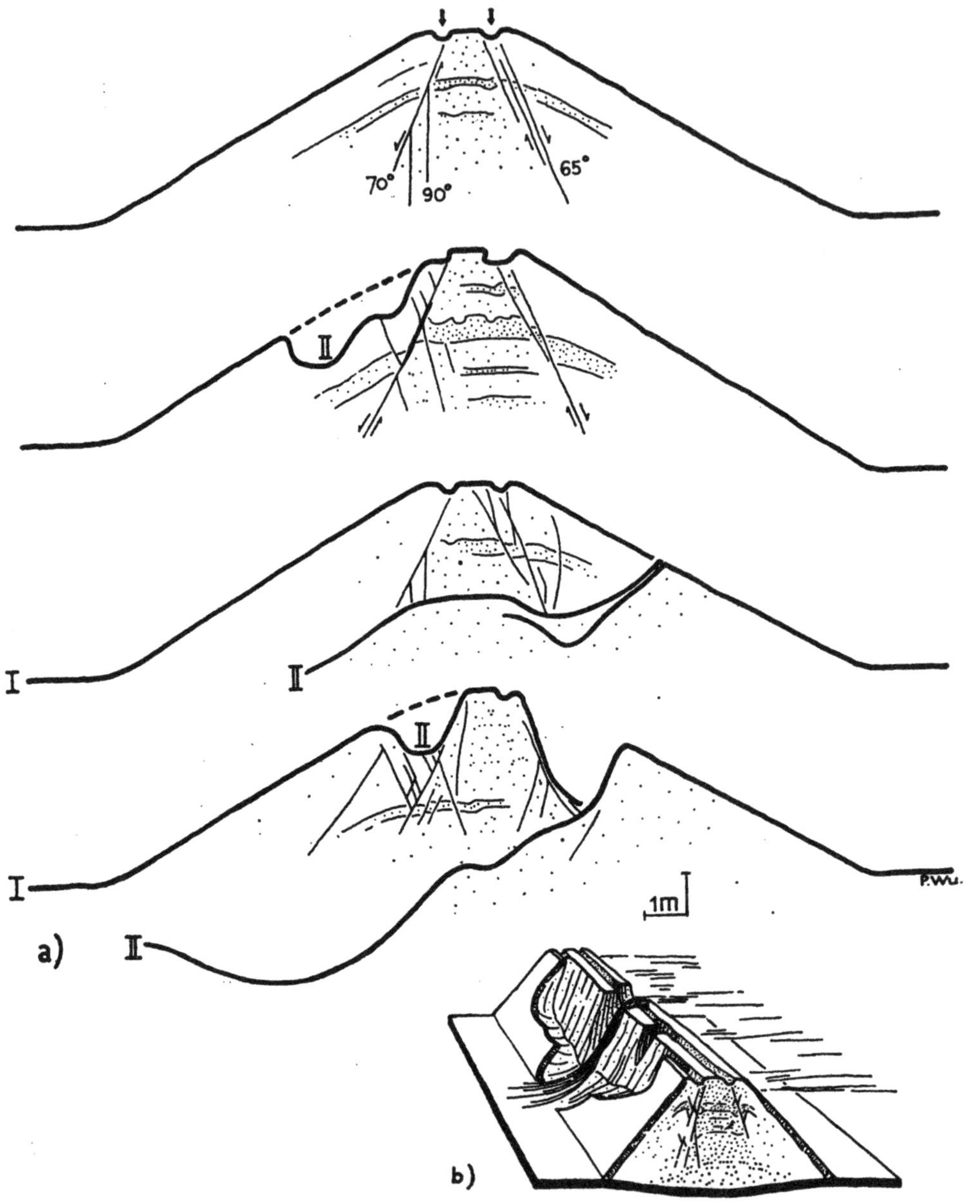


Zeichnung 3 **Befahrener Deich mit Deichstrukturen und Erosionsformen in Moorburg.**

I Deichkonturen II Erosionskonturen

a) Deichprofile (Innenböschung links) b) Stark überhöhte Blockskizze

Unter der Fahrbahn ist das Deichmaterial verdichtet. Dieser verfestigte Klei bildet einen Horst. Die locker gebliebenen Deichflanken sind durch Scherflächen und Abschiebungen abgetrennt. Die Erosion setzt an Wagenspuren und Scherflächen an. Der Mittelabschnitt bleibt als Härtling stehen.

Die große Anzahl von Teilbrüchen am Winterdeich (insgesamt 45) läßt sich nur durch das Überlaufen und somit durch den hohen Wasserstand erklären. Die Deiche wurden also zumeist von der Innenböschung her zerstört. Im einzelnen können die Hinweise auf mögliche Ansatzpunkte den angefügten Tabellen entnommen werden.

### c) Erosive Beschädigungen des Deiches

Erosionsrinne und Erosionskolk sind nur Vorstufen eines Teilbruches. Daher gilt das, was für die Teilbrüche gesagt wurde, auch für die erosive Beschädigung der Innenböschung. Bei der Zahl von insgesamt 213 Erosionsschadensstellen an der Innenböschung kann hier allerdings noch besser als bei den Teilbrüchen der Zusammenhang zu den entsprechenden Ansatzpunkten hergestellt werden. Fuß- und Fahrwege auf der Deichkrone, auf den Deich hinaufführende Wege und Treppen und vor allem Masten, Pfosten und Bäume sind Ansatzpunkte der Erosion. Im Deich verlegte Rohre oder Kabel sind weitere Schwächestellen. In ihrem Verlauf ist das feste Gefüge des Deiches zerstört. Bei Hochfluten wird dann die ehemalige Baustelle erosiv freigelegt. Das konnte z. B. in kleinem Ausmaß bei Finkenwerder-West 53 (Karte 2) beobachtet werden, wo die Brandung eine alte Aufgrabung von 20 cm Breite freispülte. Bei den Punkten Hasselwerder 15 bis 19 wurden die aufgefüllten Löcher von Leitungsmasten ausgewaschen. In Moorburg-Mitte ist bei den Schadensstellen 26 und 40 die Zerstörung der Innenböschung auf das im Deich verlegte Kabel zurückzuführen (Abb. 40). Übrigens hatte der Deich in diesem Abschnitt einen schichtenförmigen Aufbau, wie dies für Hasselwerder 32 beschrieben wurde. Sandlagen und Ziegelbrocken trennten auch hier die einzelnen Kleilagen. An diesen Stellen griff die Erosion an und erreichte rasch ein überdurchschnittliches Ausmaß. Außer der geringen Deichhöhe ist sehr wahrscheinlich der schalenförmige Aufbau mit verantwortlich für die große Zahl von Total- und Teilbrüchen in diesem Abschnitt.

*Ansatzpunkte der Erosion*

*Finkenwerder-West 53*

*Hasselwerder 15–19*

*Moorburg 26, 40*

Der Rosengartendeich ist auf Grund der sandigen Komponente im Klei und der Krümelstruktur der Deicherde (Kohärentstruktur) stärker erosionsgefährdet als die Winterdeiche. Überall bildeten sich im Rosengarten an den Bäumen auf der Deichböschung Erosionskolke. Häufig wurden die Wurzeln freigespült (Abb. 41). Auch ist – beeinflußt durch das Deichbaumaterial – die größte beobachtete Erosionsrinne (Abb. 26) am Rosengarten geschaffen worden (Finkenwerder-West 55).

*Rosengartendeich*

An einigen Abschnitten der Außenböschung traten durch Abrasion stärkere Beschädigungen auf. Lage an der Elbe oder offenes Vorland waren Voraussetzung für ein Wirksamwerden des Wellenschlages. So entstand bei Hinterbrack 21 ein 1 m hohes Kliff. Es wurde schon darauf hingewiesen, daß die von Gras überwucherten Steine zusammen mit dem Grasfilz herausgerissen wurden. Die grasüberwucherte, gepflasterte Außenböschung bot somit einen geringeren Schutz als ein Kleideich. Der Größe der herausgerissenen Steine nach zu urteilen, muß hier ein harter Wellenschlag angesetzt haben. Die Anwohner sprachen von 2 m hohen Wellen. Dieser Wert kann nicht stimmen;

*Beschädigungen an der Außenböschung*

denn bei derartig hohen Wellen hätte das Wasser über den Deich schlagen und auf der Innenböschung stärkere Beschädigungen hervorrufen müssen. In Wirklichkeit leckten nur einzelne Wellen über den Deich. Die Hauptwasserlinie stand noch 50 cm unter der Deichkrone.

*Aufsandung aus der Elbe*

An dieser Stelle haben während der Sturmflut hohe Strömungsgeschwindigkeiten in der Elbe geherrscht. Das wird morphologisch dadurch deutlich, daß bei Hinterbrack 20 (östlich des Deichknicks) eine Übersandung des Geländes vor dem Deich bis zu 1 m Mächtigkeit eingetreten ist. Die Übersandung im Ufergebüsch dehnt sich bis zum Totalbruch Hinterbrack 13 aus. Das ist nur ein kleiner Hinweis auf die großen morphologischen Veränderungen, die durch die Sturmflut im Flußbett der Elbe bewirkt worden sein müssen.

*Kleideiche mit Betonschutz*

Die Kombination von Kleideich und Betonschutz hat sich am Rosengartendeich nicht bewährt. An der Grenze zwischen Beton und Klei wurden die Grasbülte ausgerissen, die Kleierde ausgespült und die Betondecke unterspült. Die überhängenden Teile der Betondecke brachen schließlich ab (Abb. 42).

### d) Beschädigungen des Deiches als Folge der Durchfeuchtung

*Durchfeuchtungsschäden*

Das über die Deiche strömende Wasser richtete nicht nur Erosionsschäden an, sondern bewirkte auch eine Durchfeuchtung der Grasdecke und der Wurzelzone. Ein intakter Kleideich wird während der Andauer einer Sturmflut niemals durchnäßt und aufgeweicht werden, da die Eindringgeschwindigkeit vom Wasser bei so schwerem Ton in der Größenordnung von Millimetern pro Tag liegt. Anders ist die Situation, wenn das Wasser über den Deich flutet. Es dringt dann von oben her in jede Vertiefung auf der Innenböschung ein; die lockere Krume wird nunmehr naß und schwer. Außerdem kann das Wasser an einzelnen Stellen der prismatischen Struktur folgend in Klüften in die Tiefe sickern.

*Unterschiedliche Widerständigkeit im Frühjahr und Herbst*

Eine Sturmflut im Herbst brandet dabei gegen einen ausgetrockneten, kompakten Deich mit einer dichten, harten, wasserabweisenden Oberfläche. Eine Sturmflut im Frühjahr findet dagegen eine durch Frostgare gelockerte Oberfläche vor, in die das Wasser leichter eindringen kann. Im Gegensatz zur Innenseite kommt es an der Außenseite nur zur Durchnässung der Grasdecke, nicht jedoch zu Rutschungen. Die Ursache dafür liegt in dem zumeist geringeren Böschungswinkel der Außenseite. Außerdem wird hier das Material noch durch den auf der Deichböschung lastenden Wasserdruck gehalten. An der steileren Innenböschung kann sich dagegen das durchfeuchtete Material nicht überall halten. Das überströmende Wasser schält leicht die Grasdecke ab. An anderen Stellen rutscht die Grasdecke der Schwerkraft folgend über dem Klei ab und legt ihn bloß. Erosion und reine Durchfeuchtung lassen sich als Ursache der Deichbeschädigung nicht immer scharf trennen; denn jede erosive Ausspülung unterstützt die Durchfeuchtung, und jeder durchfeuchtende Wasserschwall hat eine, wenn auch nur schwache, erosive Wirkung.

Immerhin sind 138 Schadensstellen vornehmlich auf eine Durchfeuchtung zurückzuführen. Häufig drang das Wasser nicht nur von oben her ein, sondern folgte den Gängen der Wühlmäuse und Maulwürfe. Dadurch kam es in Moorburg und im Sommerdeich bei Francop sogar zur Vernässung des Deichkerns. Auch in Hinterbrack und Finkenwerder-West wurde in einzelnen Abschnitten eine starke Schädigung des Deiches durch Wühlgänge festgestellt (Abb. 43).

*Wühlgänge im Deich*

Deutlich ist die Korrelation zwischen steiler Innenböschung, Durchfeuchtung und en-bloc-Rutschung. So hat der Deich in Vierzigstücken eine Innenböschung von über 30° Neigung, stellenweise sogar bis zu 45°. Daher traten hier gehäuft Rutschungen auf (Abb. 6). An den flachen Sommerdeichen wurde dagegen nur hier und dort einmal ein derartiger Schaden beobachtet (vergl. Francop, Vierzigstücken, Hohenwisch und den Rosengartendeich). Die Deiche an der Elbe sind nur Hochwasserdämme. Die vorliegenden Beobachtungen ergeben jedoch, daß sie selbst dafür zu steil und damit in sich nicht standfest genug sind. Sie stellen somit in der heutigen Form keinen ausreichenden Schutz dar.

*Böschungswinkel und Rutschungen*

## e) Ungeklärte Beschädigungen des Deiches

Man ist zwar zunächst geneigt, alle Schäden am Deich auf die Überflutung als Folge des abnorm hohen Wasserstandes zurückzuführen. Indessen zeigt die Beobachtung, daß auch bei nicht überfluteten Deichen die Innenböschung beschädigt wurde. So entstanden am erhöhten Neuenfelder Fährdeich vier en-bloc-Rutschungen mit Wandbildung, wobei der Abriß in der Deichkrone lag. Diese Schäden verdienen die besondere Beachtung der Deichbautechniker, um derartige Schwächen der Deiche in Zukunft zu vermeiden. Zunächst einmal muß aber die Entstehung dieser Schäden (Hasselwerder 33, 34, 37 und 39) geklärt werden. Der Deich erhielt hier durch die Erhöhung einen Schalenaufbau, wobei eine Sandlage die alte Deichkrone markiert (Abb. 44). Der Böschungswinkel beträgt an der Deichinnenseite 29° bei den Punkten 37 und 39, 35° bei Punkt 34 und 39° bei Punkt 33. Zwar ist der Deich steil, aber ein die Rutschung auslösendes Moment muß hinzugekommen sein. Man muß also der mechanischen Beanspruchung der Deiche bei hohem Wasserstand nachgehen und feststellen, wann Kernsprünge auftreten, wie sie en-bloc-Rutschungen dieser Art vorausgehen. Sehr wahrscheinlich werden die Brüche Hasselwerder 31, 32 und 40 zumindest teilweise mit auf derartige Zerrüttungen des Deiches zurückzuführen sein.

*Beschädigte Innenseite an nicht überfluteten Deichabschnitten*

## C. ALLGEMEINE SCHLUSSFOLGERUNGEN

1. Die untersuchten Deichstrecken haben eine Länge von 30.7 km. Davon entfallen 10.5 km auf Sommerdeiche, 18.2 km auf Winterdeiche und 2 km auf den Rosengartendeich.

   Die Gesamtzahl der festgestellten Schadensstellen beläuft sich auf 471.

   Der Winterdeich wurde auf einer Strecke von insgesamt 13.8 km Länge überflutet.

   In seiner gesamten Ausdehnung traten 9 Totalbrüche und 45 Teilbrüche auf.

   Alle Deichlücken im Winterdeich machten zusammen 1.6 km, also etwa 9 % des untersuchten Deichabschnittes aus. Das von den Fluten aus diesen Deichlücken herausgespülte Material erreichte eine Menge von 60 000 $m^3$.

2. Über die bei den einzelnen Schadensstellen beobachteten möglichen Ursachen unterrichten die Tabellen.

3. Teilbrüche treten nur in überfluteten Deichabschnitten auf. Sie sind durch die erosive Tätigkeit des überlaufenden Flutwassers entstanden. Gegen diese Gefahren können nur höhere Deiche schützen.

4. Totalbrüche dagegen sind vornehmlich an vorgezeichnete Schwächestellen im Deich oder im Untergrund gebunden. Sie treten auch in nichtüberfluteten Deichabschnitten auf. Diese Schwächepunkte müssen beim Deichbau berücksichtigt werden.

5. Die Standfestigkeit der Deiche ist bei der bestehenden Sohlenbreite und Wasserständen von über +5 m NN nicht an allen Stellen gewährleistet. Die Deichböschungen sind als Folge mehrfacher Erhöhungen zu steil. Es treten Kernsprünge auf. Diese entstehen auch dort, wo der Deichfuß auf der Innenseite in Vertiefungen zu liegen kommt. Bei Beanspruchung des Deiches von außen erfolgt ein Wegbrechen von Deichteilen entlang der Kernsprünge auf der Innenböschung. An all diesen Stellen besteht erhöhte Deichbruchgefahr.

6. Jeder Fremdkörper am und im Deich ist ein Gefahrenpunkt. Die Deiche sollten auch nicht mehr als Wege benutzt werden.

7. Kleideiche mit Grasdecke müssen von Schafen beweidet werden, um das Gras stets kurz zu halten. Dadurch wird die Bodengare in der obersten Kleischicht wesentlich gemindert.

8. Kleideiche können nicht mit einer Asphaltdecke überzogen werden, da es sonst durch das Auffrieren im Winter und das Auftauen im Frühling zu Frostschäden kommt.

9. Die nach der Flutkatastrophe in die Deichlücken geschobene Ackererde ist kein Deichbaumaterial; auch der Lehm, der von der Geest herangefahren wurde, hat bislang seine Bewährung noch nicht bestanden. Außerdem wurden Faschinen, Holz und Steine bei der Schließung der Brüche in den Deich eingebracht. An den Lagerstellen dieses deichfremden Materials entstehen Schwächepunkte im Deich.

10. Die Deiche sollten in Zukunft in regelmäßigen Abständen von unabhängigen Fachleuten kontrolliert werden. Denn die Autorität der Deichvögte ist, verglichen mit den Verhältnissen in früheren Jahrhunderten, als Folge der sozialen Veränderungen gemindert worden.

11. Die Eindeichung immer neuer Teile der Elbmarschen in den vergangenen Jahrhunderten führte zur Verminderung der Werderflächen und zu einer Einengung des Hochflutbettes der Elbe. Seit der letzten großen Sturmflut im Jahre 1825 hatte sich für lange Zeit ein stationärer Zustand herausgebildet. Es wurden keine wesentlichen neuen Eindeichungen an der Elbe mehr vorgenommen. Der Hochflutraum, welcher der Elbe durch frühere Eindeichungen verlorengegangen war, wurde mehr oder weniger durch morphologische Veränderungen im Flußbereich ausgeglichen. Dieser Zustand, der eine Art Gleichgewicht zwischen Eindeichung, Flußbett und Flutwassermenge darstellte, wurde in der Folgezeit durch Verbesserung des Elbeschiffahrtsweges, durch Hafenausbauten und durch Sperrwerke an den Nebenflüssen in einem Umfange gestört, der geeignet war und ist, sich auf das Auflaufen von Sturmfluten auszuwirken.

12. Die Absperrung der Süderelbe bringt weitere Verluste an Stauraum. Dadurch und durch die Errichtung überflutungssicherer Deiche an der Unterelbe wird die Hochwassergefahr für die tiefgelegenen Hamburger Stadtbezirke und den Hamburger Hafen in Zukunft vergrößert.

13. Für die Anlage von künstlichen Flutauffangbecken stehen im Süßwasserbereich der Unterelbe nur beschränkte Flächen zur Verfügung (z. B. Haseldorfer Marsch zwischen Hetlingen, Altenfeldsdeich und Holm mit einem Fassungsvermögen von $12 \cdot 10^6\,m^3$). Da bei der Sturmflut am 17. 2. aber $220 \cdot 10^6\,m^3$ Wasser in die überschwemmten Gebiete eindrang, reicht das Fassungsvermögen solcher Becken nicht aus, um die katastrophalen Auswirkungen einer Hochflut wie der diesjährigen nennenswert abzuschwächen.

# Hinterbrack (Blatt Nr. 5034) Karte 1

## Hinweise auf mögliche Ansatzpunkte der Deichbrüche un

| Laufende Nummer der Schadensstelle | 1 | 2 | 3 |
|---|---|---|---|
| **1. Schwache Stellen im Deichaufbau** | | | |
| a) Untergrund (Moor, Darg) | | | |
| b) Deichmaterial (Schluff, Sand) | | | |
| c) Deichböschung über 30°: innen | × | | × |
| c) Deichböschung über 30°: außen | | | |
| d) Sackungen und Senkungen | | | |
| e) Alte Deicherhöhungen | | | |
| f) Alte Brüche (Pfosten, Soden, Bracks) | | | |
| g) Bombeneinschläge | | | |
| h) Ehemalige Fleete und Wetterungen | | | |
| i) Wühlschäden | | × | × |
| **2. Schwache Stellen durch Bauten im und am Deich** | | | |
| a) Sielzüge und Schleusen | | | |
| b) Auf den Deich hinaufführende Treppen, Fuß- und Fahrwege | × | × | × |
| c) Gemauerte Deichdurchlässe (Slöp, Stöpe) | | | |
| d) Wege auf dem Deich aus Grand, Schlacken oder Steinen | × | × | |
| e) Kabel, Wasserleitungen, Pfosten, Masten, Bäume | | | |
| f) Häuser oder Mauern am oder auf dem Deich | × | | |
| **3. Exposition des Deiches als Gefahrenquelle** | | | |
| a) Elbe | | | × |
| b) Wetterungen und Hauptgräben im Vorland | | | |
| c) Stauzonen und Deichknicke | × | | × |
| d) Freies Vorland | | | × |
| **4. Überflutungshöhe und Überflutungswirkung** | | | |
| a) Überflutungshöhe in dm | + | $\pm 0$ | $\pm 0$ |
| b) Erosion | × | | |
| c) Durchfeuchtung durch Überflutung und binnendeichs stehendes Wasser | | | |
| **5. Brandung an der Außenböschung** | | × | × |

Zeichenerklärung:

× möglicher Ansatzpunkt des Deichschadens festgestellt ● Totalbruch

+ Deich an der Schadensstelle überflutet, (Ziffer gibt Höhe der Überflutun Deichkrone in dm an.) — Deich an der Schadensstelle nicht überfl

Tabelle 1

## hbeschädigungen

| 6 | 7 | 8 | 9 | 10 | 11 | 12 | 13 | 14 | 15 | 16 | 17 | 18 | 19 | 20 | 21 | 22 | Gesamtzahl der Deichbrüche | Gesamtzahl der Deichbeschädigungen |
|---|---|---|---|---|---|---|---|---|---|---|---|---|---|---|---|---|---|---|
| | | | | | | | | | | | | | | | | | 1 | 21 |
| | | | | | | | | | | | | | | | | | | |
| | | | | | | | × | | | | | | | | | | 1 | |
| | | | | | | | | | | | | | | | | | | |
| × | | × | × | × | × | × | | | × | × | | × | × | | | × | | 15 |
| | | | | | | | | | | | | × | × | × | | × | | 4 |
| | | | | | | | | | | | | | | | | | | |
| | | | | | | | | | | | | | | | | | | |
| | | | | | | | | | | | | | | | | | | |
| | | | | | | | | | | | | | | | | | | |
| | | | | | | | | | | | | | | | | | | |
| | | | | | | | | | | | | | | | × | × | | 4 |
| | | | | | | | | | | | | | | | | | | |
| | | | | | | | | | | | | | | | | | | |
| × | × | × | × | × | × | × | | | | | | × | | × | | | | 14 |
| | | | | | | | | | | | | | | | | | | |
| | | | | | | | | | | | | | | | | | | 3 |
| | | | | | × | | | | | | | | | | | | | 1 |
| | | | | | | | | | | | | | | | | | | 1 |
| | | | | | | | | | | | | | | | | | | |
| | | | | | | | | | | | | | | | | | | |
| × | × | × | × | × | × | × | × | × | × | × | × | × | × | × | × | × | 1 | 19 |
| | | | | | | | | | | | | | | | | | | |
| | | | | | | | | | | | | | | × | | | | 3 |
| × | × | × | × | × | × | × | × | | | × | × | × | × | | × | × | 1 | 16 |
| | | | | | | | | | | | | | | | | | | |
| | | | | | | | | | | | | | | | | | | |
| − | + | + | −1,5 | −1,5 | + | + | | ±0 | + | + | − | − | + | + | + | + | | 17[1] |
| × | × | | | | × | × | | × | × | × | | | × | | | | | 10 |
| | × | × | × | × | | × | | × | × | × | | | | | | | | 8 |
| | | | | | | | | | | | | | | | | | | |
| | | | | | | | | | | | | | | × | × | × | | 6 |

Vasser bis Deichkronenhöhe
ches bezogen auf

[1]) Gesamtzahl der überfluteten Schadensstellen ohne Deichbrüche.

**Cranz** (Blatt Nr. 5032) Karte 1 Tabelle 2

## Hinweise auf mögliche Ansatzpunkte der Deichbrüche und Deichbeschädigungen

| Laufende Nummer der Schadensstelle | | 1 | 2 | 3 | 4 | 5 | 6 | 7 | Gesamtzahl der Deichbrüche | Gesamtzahl der Deichbeschädigungen |
|---|---|---|---|---|---|---|---|---|---|---|
| | | | | | | | | | | 7 |
| | | **Winterdeich** | | | | | | | | |
| **1. Schwache Stellen im Deichaufbau** | | | | | | | | | | |
| a) Untergrund (Moor, Darg) | | | | | | | | | | |
| b) Deichmaterial (Schluff, Sand) | | | | | | | | | | |
| c) Deichböschung über 30° | innen | × | × | × | × | × | × | × | | 7 |
| | außen | × | | × | | | | | | 2 |
| d) Sackungen und Senkungen | | | | | | | | | | |
| e) Alte Deicherhöhungen | | | | | | | | | | |
| f) Alte Brüche (Pfosten, Soden, Bracks) | | | | | | | | | | |
| g) Bombeneinschläge | | | | | | | | | | |
| h) Ehemalige Fleete und Wetterungen | | | | | | | | | | |
| i) Wühlschäden | | | × | × | | | | | | 2 |
| **2. Schwache Stellen durch Bauten im und am Deich** | | | | | | | | | | |
| a) Sielzüge und Schleusen | | | | | | | | | | |
| b) Auf den Deich hinaufführende Treppen, Fuß- und Fahrwege | | | | | × | × | | | | 2 |
| c) Gemauerte Deichdurchlässe (Slöp, Stöpe) | | | | | | | | | | |
| d) Wege auf dem Deich aus Grand, Schlacken oder Steinen | | | | × | | | × | × | | 3 |
| e) Kabel, Wasserleitungen, Pfosten, Masten, Bäume | | | | | | | | | | |
| f) Häuser oder Mauern am oder auf dem Deich | | | × | | × | × | × | × | | 5 |
| **3. Exposition des Deiches als Gefahrenquelle** | | | | | | | | | | |
| a) Elbe | | | | | | | | | | |
| b) Wetterungen und Hauptgräben im Vorland | | | | | | | | | | |
| c) Stauzonen und Deichknicke | | × | × | × | × | × | × | × | | 7 |
| d) Freies Vorland | | × | | × | | | | | | 2 |
| **4. Überflutungshöhe und Überflutungswirkung** | | | | | | | | | | |
| a) Überflutungshöhe in dm | | $\overline{3}$ | | ±0 | + | + | + | + | | 5[1] |
| b) Erosion | | | | | × | × | | × | | 3 |
| c) Durchfeuchtung durch Überflutung und binnendeichs stehendes Wasser | | | | | | × | × | | | 2 |
| **5. Brandung an der Außenböschung** | | × | × | × | | | | | | 3 |

× möglicher Ansatzpunkt des Deichschadens festgestellt
±0 Wasser bis Deichkronenhöhe
\+ Deich an der Schadensstelle überflutet, (Ziffer gibt die Höhe der Überflutung des Deiches bezogen auf Deichkrone in dm an.)
– Deich an der Schadensstelle nicht überflutet

[1] Gesamtzahl der überfluteten Schadensstellen ohne Deichbrüche.

# Hasselwerder (Blatt Nr 5232) Karte 2

## Hinweise auf mögliche Ansatzpunkte der Deichbrüche und Deichbeschädigungen

| Laufende Nummer der Schadensstelle | 1 | 2 | 3 | 4 | 5 | 6 | 7 | 8 | 9 | 10 | 11 | 12 |
|---|---|---|---|---|---|---|---|---|---|---|---|---|
| | Winter-deich | | | S o m m e | | | | | | | | |
| **1. Schwache Stellen im Deichaufbau** | | | | | | | | | | | | |
| a) Untergrund (Moor, Darg) | | | | | | | | | | | | |
| b) Deichmaterial (Schluff, Sand) | | | | × | × | × | | × | × | × | | × |
| c) Deichböschung über 30°: innen | × | × | × | | | | | | | | | |
| c) Deichböschung über 30°: außen | × | × | × | | | | | | | | | |
| d) Sackungen und Senkungen | | | | | | | | | | | | |
| e) Alte Deicherhöhungen | | | | | | | | | | | | |
| f) Alte Brüche (Pfosten, Soden, Bracks) | | | | × | | | | | | | | |
| g) Bombeneinschläge | | | | | | | | | | | | |
| h) Ehemalige Fleete und Wetterungen | | | | | | | | | | | | |
| i) Wühlschäden | | | | | | | | | | | | |
| **2. Schwache Stellen durch Bauten im und am Deich** | | | | | | | | | | | | |
| a) Sielzüge und Schleusen | | | | | | | | | | | | |
| b) Auf den Deich hinaufführende Treppen, Fuß- und Fahrwege | | | | | | | | | | | | |
| c) Gemauerte Deichdurchlässe (Slöp, Stöpe) | | | | | | | | | | | | |
| d) Wege auf dem Deich aus Grand, Schlacken oder Steinen | × | | | | × | × | × | × | × | × | × | × |
| e) Kabel, Wasserleitungen, Pfosten, Masten, Bäume | | | | | | | | | | | | |
| f) Häuser oder Mauern am oder auf dem Deich | | | | | | | | | | | | |
| **3. Exposition des Deiches als Gefahrenquelle** | | | | | | | | | | | | |
| a) Elbe | | | | | | | | | | | | |
| b) Wetterungen und Hauptgräben im Vorland | | | | | | | | | | | | |
| c) Stauzonen und Deichknicke | | | | | | | | | | | | |
| d) Freies Vorland | | | | | | | | | | | | |
| **4. Überflutungshöhe und Überflutungswirkung** | | | | | | | | | | | | |
| a) Überflutungshöhe in dm | — | — | + 1 | | + 10 | + 10 | + 9 | + 9 | + 9 | + 9 | + 9 | + 9 |
| b) Erosion | | | | | × | × | × | × | × | × | × | × |
| c) Durchfeuchtung durch Überflutung und binnendeichs stehendes Wasser | | × | × | | × | | | | × | | | |
| **5. Brandung an der Außenböschung** | | | | | | | | | | | | |

Zeichenerklärung: × möglicher Ansatzpunkt des Deichschadens festgestellt ○ Teilbruch ● Totalbruc
+ Deich an der Schadensstelle überflutet. (Ziffer gibt Höhe der Überflutung des
— Deich an der Schadensstelle nicht überflutet

Tabelle 3

| | | | | | | | | | | | | | | | | | | | | | | | | | | Gesamtzahl der Deich-brüche | Gesamtzahl der Deich-beschädi-gungen |
|---|---|---|---|---|---|---|---|---|---|---|---|---|---|---|---|---|---|---|---|---|---|---|---|---|---|---|---|
| 15 | 16 | 17 | 18 | 19 | 20 | 21 | 22 | 23 | 24 | 25 | 26 | 27 | 28 | 29 | 30 | 31 | 32 | 33 | 34 | 35 | 36 | 37 | 38 | 39 | 40 | 7 | 33 |
| **ich** | | | | | | | | | **Winterdeich** | | | | | | | | | | | | | | | | | | |
| | | | | | | | | | | | | | | | | | | | | | | | | | | | |
| | | | | | | | | | | | | × | | | | | | | | | | | | | | 1 | |
| × | × | × | × | × | | | | | | | | | | | | | | | | | | | | × | | 3 | 12 |
| | | | | | | | | | | | | | × | × | | | | × | × | × | | | | × | | | 9 |
| | | | | | | | | | | | | | × | × | × | | | | × | | | | | | | | 7 |
| | | | | | | | | | | | | | | | | | | | | | | | | | | | |
| | | | | | | | | | | | | | | | | | × | | × | | | × | | × | | 1 | 3 |
| | | | | | | | | | | | | | | | | × | | | | | | | | | | 2 | |
| | | | | | | | | | | | | | | | | | | | | | | | | | | | |
| | | | | | | | | | | | | × | | | | | × | | | | | | | | × | 3 | |
| | | | | × | | | | | | | | | × | × | | | | | | × | | | | | | 1 | 3 |
| | | | | | | | | | | | | | | | | | | | | | | | | | | | |
| | | | | | | | | | | | | | | | | | | | | | | | | | | | |
| | | | | | | | | | | | | | | | | | | | | | | | | | | | |
| | | | | | | | | | | | | | | | | × | | | | | | | | | | 1 | |
| | × | × | × | | × | × | × | × | × | × | × | | | | × | | | × | × | × | × | × | × | | | | 28 |
| × | | | | × | | | | | | | | | | | | | | | | | | | | | | 2 | |
| | | | | | × | × | × | × | | | | | | | | | | | | | | | | | | | 4 |
| | | | | | | | | | | | | | | | | | | | | | | | | | | | |
| | | | | | | | | | | | | | | | | | | | | | | | | | | | |
| | | | | | | | | | | | | | | | | | | | | | | | | | | | |
| | | | | | | | | | | | | | | | | | | | × | | | | | | | 1 |
| × | | | | × | | | | | | | | × | | | × | × | × | | | | | | | | | 5 | 1 |
| | | | | | | | | | | | | × | | | × | | | | | | × | | | | | 1 | 2 |
| | | | | | | | | | | | | | | | | | | | | | | | | | | | |
| | +9 | +9 | +9 | | +9 | +9 | +9 | +9 | +0,5 | +0,5 | +0,5 | | – | – | – | | | −5 | −5 | −1 | ±0 | ±0 | ±0 | −1 | | | 24[1)] |
| | × | × | × | | × | × | × | × | | | | | | | | | | | | | | | | | | | 17 |
| | | | × | | | | | | × | × | × | | | | | | | | | | | × | × | | | | 10 |
| | | | | | | | | | | | | | | × | | | | | × | × | | | | | | | 3 |

±0 Wasser bis Deichkronenhöhe (bezogen auf Deichkrone in dm an.)

[1)] Gesamtzahl der überfluteten Schadensstellen ohne Deichbrüche

# Finkenwerder-West (Blatt Nr. 5432) Karte 2

## Hinweise auf mögliche Ansatzpunkte der Deichbrüche und Deichbeschädigunge

| Laufende Nummer der Schadensstelle | 1 | 2 | 3 | 4 | 5 | 6 | 7 | 8 | ⑨ | 10 | ⑪ |
|---|---|---|---|---|---|---|---|---|---|---|---|
| | | | | | | | | | Winte | | |
| **1. Schwache Stellen im Deichaufbau** | | | | | | | | | | | |
| a) Untergrund (Moor, Darg) | | | | | | | | | | | |
| b) Deichmaterial (Schluff, Sand) | | | | | | | | | | | |
| c) Deichböschung über 30°: innen | | | | | × | | × | | | | |
| c) Deichböschung über 30°: außen | × | × | | | | | × | | | | |
| d) Sackungen und Senkungen | | | | | | | | | | | |
| e) Alte Deicherhöhungen | | | | | | | | | | | |
| f) Alte Brüche (Pfosten, Soden, Bracks) | | | | | | | | | | | |
| g) Bombeneinschläge | | | | | | | | | | | |
| h) Ehemalige Fleete und Wetterungen | | | | | | | | | | | |
| i) Wühlschäden | | | | | | | | | | | |
| **2. Schwache Stellen durch Bauten im und am Deich** | | | | | | | | | | | |
| a) Sielzüge und Schleusen | | | | | | | | | | | |
| b) Auf den Deich hinaufführende Treppen, Fuß- und Fahrwege | × | × | | × | | × | | | × | | |
| c) Gemauerte Deichdurchlässe (Slöp, Stöpe) | | | | | | | | | | | |
| d) Wege auf dem Deich aus Grand, Schlacken oder Steinen | | | | × | × | | | | | | |
| e) Kabel, Wasserleitungen, Pfosten, Masten, Bäume | | | | | | | | | | | |
| f) Häuser oder Mauern am oder auf dem Deich | | | | × | | | | | | | |
| **3. Exposition des Deiches als Gefahrenquelle** | | | | | | | | | | | |
| a) Elbe | | | | | | | | | | | |
| b) Wetterungen und Hauptgräben im Vorland | | | | | | | | | | | |
| c) Stauzonen und Deichknicke | | | | | | | | | | | |
| d) Freies Vorland | | | | | | | | | | | |
| **4. Überflutungshöhe und Überflutungswirkung** | | | | | | | | | | | |
| a) Überflutungshöhe in dm | + | + | + 1,5 | + | + | + | + 1,5 | + | | + | |
| b) Erosion | × | | × | × | | × | | | | | |
| c) Durchfeuchtung durch Überflutung und binnendeichs stehendes Wasser | | × | × | × | × | × | × | × | | × | |
| **5. Brandung an der Außenböschung** | | | | | | | | | | | |

Zeichenerklärung: × möglicher Ansatzpunkt des Deichschadens festgestellt ○ Teilbruch ± 0
\+ Deich an der Schadensstelle überflutet, (Ziffer gibt Höhe der Überflutung

i c h                                                                                    S o m

| 4 | 15 | 16 | 17 | 18 | 19 | 20 | 21 | 22 | 23 | 24 | 25 | 26 | 27 | 28 | 29 | 30 | 31 | 32 | 33 | 34 | 35 | 36 | 37 | 38 | 39 | 4 |
|---|---|---|---|---|---|---|---|---|---|---|---|---|---|---|---|---|---|---|---|---|---|---|---|---|---|---|
| | | | | | | | | | | | | | | | | | | | | | | | | | | |
| | | | | | | | | | | | | | | | | | | | | | | | | | | |
| | | | | | | | | | | | | | | | × | × | | × | × | × | × | | | | | |
| | | | | × | × | × | | × | | | × | | | | | | | | | | | | | × | | |
| | × | | | × | × | × | | × | | | × | | | | | | | | | | | | | | | |
| | | | | | | | | | | | | | | | | | | | | | | | | | | |
| | | | | | | | | | | | | | | | | | | | | | | | | | | |
| | | | | | | | | | | × | | | | | | | | | | | | | | | | |
| | | | | | | | | | | | | | | | | | | | | | | | | | | |
| | | | | | | | | | | | | | | | | | | | | | | | | | | |
| | | | | | | | | | | | | | | × | | | | | | × | | × | | | | |
| | | | | | | | | | | | | | | | | | | | | | | | | | | |
| | | | | | | | | | | | | | | | | | | | | | | | | | | |
| | | | | | | | | | | | | | | | | | | | | | × | | | | | |
| | × | | | | × | × | | | | | | | | | | | | | | | | | | | | |
| | | | | | | | | | | | | | | | | | | | | | | | | | | |
| | | | | | | | | | | | | × | × | | | | | | | | | | | | | |
| | | × | × | | | | | | | | | × | | | | | | | | × | | × | | | | |
| | | | | | | | | | | | | | | | | | | | | | | | × | | × | × |
| | | | | | | | | | | | | | | | | | | | | | | | | | | |
| | | | | | | | | | | | | | | | | | | | | | | | | | | |
| | | | | | | | | | | | | | | | | | | | | | × | × | × | × | × | × |
| | | | | | | | | | | | | | | | × | | | | | | × | | × | | | |
| | | | | | | | | | | | | | | | | | | | | | × | | | | | |
| | | | | | | | | | | | | | | | | | | | | | × | × | × | × | × | × |
| | | | | | | | | | | | | | | | | | | | | | | | | | | |
| | | | | | | | | | | | | | | | | | | | | | | | | | | |
| | +1,5 | | | +1,5 | +1,5 | +0,5 | | +0,5 | | | ±0 | +12 | +12 | +12 | | | +12 | | +12 | +12 | | +10 | +6 | +8 | +10 | +10 |
| | × | | | × | × | × | | × | | | × | × | × | × | | | × | | × | × | | | | | | |
| | × | | | × | × | × | | × | | | × | | | | | | | | | | | | | × | | |
| | | | | | | | | | | | | | | | | | | | | | | × | × | | × | × |

is Deichkronenhöhe
es bezogen auf Deichkrone in dm an.) — Deich an der Schadensstelle nicht überflutet

Tabelle 4

| 40 | 41 | 42 | 43 | 44 | 45 | 46 | 47 | 48 | 49 | 50 | 51 | 52 | 53 | 54 | 55 | 56 | 57 | 58 | Gesamtzahl der Deichbrüche | Gesamtzahl der Deichbeschädigungen |
|---|---|---|---|---|---|---|---|---|---|---|---|---|---|---|---|---|---|---|---|---|
| | | | | | | | | | | | | | | | | | | | 13 | 45 |
| ı m e r d e i c h | | | | | | | | | | | | | | | | | | | | |
| | | | | | | | | | | | | | | | | | | | | |
| | | | | | | | | | | | | | | | | | | | | |
| | | × | × | × | × | | | | | | × | × | | × | × | × | | | 5 | 10 |
| | × | | | | | | | | | | | | | | | | | | | 9 |
| | | | | | | | | | | | | | | | | | | | | 11 |
| | | | × | | | | | | | | | | | | | | | | | 1 |
| | | | | | | | | | | | | | | | | | | | | |
| | | | | | | | | | | | | | | | | | | | 1 | |
| | | | | | | | | | | | | | | | | | | | | |
| | | | | | | | | | | | | | | | | | | | | |
| | | | | | | | × | | × | × | | | | | | | | | | 6 |
| | | | | | | | | | | | | | | | | | | | | |
| | | | | | | | | | | | | | | | | | | | 1 | |
| | | | | | | | × | | × | | | | | | × | × | | | 1 | 12 |
| | | | | | | | | | | | | | | | × | × | × | | | 3 |
| | | | | | | × | × | × | × | × | × | × | × | × | × | × | × | × | | 17 |
| | | | | | | | | × | | × | | | × | | | | | | 2 | 6 |
| × | | | | | | × | | × | × | × | × | | | | | × | × | | | 11 |
| | | | | | | | | | | | | | | | | | | | | |
| × | × | × | | | | | | | | | | | | | | | | | 1 | 7 |
| | | | | | | | | | | | | | | | | | | | 2 | 1 |
| | | × | × | × | × | × | × | × | | | | | | | | | | | 2 | 6 |
| × | × | × | | | × | | × | | | | | | × | | | | | | 2 | 9 |
| | | | | | | | | | | | | | | | | | | | | |
| + 10 | + 10 | + 10 | + 13 | + 11 | | + 10 | + 10 | + 10 | + 10 | + 10 | + 10 | + 10 | + 10 | + 10 | + 10 | + 10 | + 10 | + 10 | | 45 1) |
| | × | × | × | × | | × | | × | | | × | × | | × | × | × | × | × | | 31 |
| | × | | | | | | | | | | | | | | × | | | × | | 20 |
| × | | | | | | | × | | × | × | | | × | | | | × | | | 9 |

1) Gesamtzahl der überfluteten Schadensstellen ohne Deichbrüche

Vierzigstücken (Blatt Nr. 5430) Karte 5

## Hinweise auf mögliche Ansatzpunkte der Deichbrüche und Deichbeschäd

| Laufende Nummer der Schadensstelle | 1 | 2 | 3 | 4 | 5 | (6) | 7 | 8 | 9 |
|---|---|---|---|---|---|---|---|---|---|
| **1. Schwache Stellen im Deichaufbau** | | | | | | | | | |
| a) Untergrund (Moor, Darg) | | | | | | × | | | |
| b) Deichmaterial (Schluff, Sand) | | | | | | | | | |
| c) Deichböschung über 30°: innen | × | × | × | | × | | | × | × |
| c) Deichböschung über 30°: außen | × | × | × | | × | | | × | × |
| d) Sackungen und Senkungen | | × | × | × | | | × | | |
| e) Alte Deicherhöhungen | | | | | | × | | | |
| f) Alte Brüche (Pfosten, Soden, Bracks) | | | | | | | | | |
| g) Bombeneinschläge | | | | | | | | | |
| h) Ehemalige Fleete und Wetterungen | | | | | | | | | |
| i) Wühlschäden | | | | | | | | | |
| **2. Schwache Stellen durch Bauten im und am Deich** | | | | | | | | | |
| a) Sielzüge und Schleusen | | | | | | | | | |
| b) Auf den Deich hinaufführende Treppen, Fuß- und Fahrwege | × | × | | | | | | | |
| c) Gemauerte Deichdurchlässe (Slöp, Stöpe) | | | | | | | | | |
| d) Wege auf dem Deich aus Grand, Schlacken oder Steinen | | | | | | | | | |
| e) Kabel, Wasserleitungen, Pfosten, Masten, Bäume | | | | × | | | | | |
| f) Häuser oder Mauern am oder auf dem Deich | × | | | | | | | | |
| **3. Exposition des Deiches als Gefahrenquelle** | | | | | | | | | |
| a) Elbe | | | | | | | | | |
| b) Wetterungen und Hauptgräben im Vorland | | | | | | | | | |
| c) Stauzonen und Deichknicke | | | | × | | | | | |
| d) Freies Vorland | | | | | | | | | |
| **4. Überflutungshöhe und Überflutungswirkung** | | | | | | | | | |
| a) Überflutungshöhe in dm | + | + | + | + | + | | + | + 0 | + 1 |
| b) Erosion | | | | × | | | | | |
| c) Durchfeuchtung durch Überflutung und binnendeichs stehendes Wasser | × | × | × | | × | | × | × | × |
| **5. Brandung an der Außenböschung** | | | | | | | | | |

Zeichenerklärung: × möglicher Ansatzpunkt des Deichschadens festgestellt ○ Teilbruch
\+ Deich an der Schadensstelle überflutet, (Ziffer gibt Höhe der Überfl

n

| | 13 | (14) | 15 | (16) | (17) | 18 | (19) | (20) | 21 | (22) | 23 | (24) | 25 | (26) | 27 | 28 | 29 | (30) | 31 | 32 | 33 | 34 | 35 | 36 | 37 | 38 | 39 |
|---|---|---|---|---|---|---|---|---|---|---|---|---|---|---|---|---|---|---|---|---|---|---|---|---|---|---|---|
| **Winterdeich** | | | | | | | | | | | | | | | | | | | | **Somme** | | | | | | | |
| | | | | | | | | | | | | | | | | | | | | | | | | | | | |
| | | | | × | | | | | | | | | | | | | | | | | | | | | | | |
| | | | | | | | | | | | | | | | | | | | | | | | | | | | |
| | × | | × | | | × | | | × | | | | | | × | × | × | | | | | | | | | | |
| | × | | × | | | × | | | × | | × | | × | | × | × | × | | | | | | | | | | |
| | × | | | | | | | | | | | | | | | | | | | | × | | | | | | × |
| | | | | | | | | | | | | | | | | | | | | | | | | | | | |
| | × | × | × | | | | | | | | | | | | | | | | | | | | | | | | |
| | | | | | | | | | | | | | | | | | | | | | | | | | | | |
| | | | | | | | | | | | | | | | | | | | | | | | | | | | |
| | | | | | | | | | | | | | | | | | | | | × | × | | | | | | |
| | | | | | | | | | | | | | | | | | | | | | | | | | | | |
| | | | | | | | | | | | | | | | | | | | | | | | | | | | |
| | | | | | | | | | | | | | | | | | | | | | × | × | × | × | | | |
| | | | | | | | × | | | | | | | | | | | | | | | | | | × | | |
| | | | | | | | | | | | | | | | | | | | | | | | | | | | |
| | | | | | | | | | | | | | | | | | | | | | | | | | | | × |
| | | | | | | | | | | | | × | | | | | | | | × | × | × | × | × | × | × | |
| | | | | | | | | | | | | | | | | | | | | | | | | | | | |
| | | | | | | | | | | | | | | | | | | | | | | | | | | | |
| | | | | | | | | | | | | | | | | | | | | | | | | | | | |
| | | | | | | | | | | | | | | | | | | | | | | | | | | | |
| | + | | +0 | | | −1 | | | −1 | | −1 | | +1 | | +1 | +1,5 | +1,5 | | + | +19 | +19 | +19 | +20 | +20 | +20 | +20 | +20 |
| | | | | | | × | | | | | | | × | | | | | | | × | × | × | × | × | × | × | × |
| | × | | × | | | × | | | × | | × | | × | | × | × | × | | × | | | | | | | | |
| | | | | | | | | | | | | | | | | | | | | | | | | | | | |

Wasser bis Deichkronenhöhe
Deiches bezogen auf Deichkrone in dm an.) — Deich an der Schadensstelle nicht überflutet

Tabelle 5

| 40 | 41 | 42 | 43 | 44 | 45 | 46 | 47 | 48 | Gesamtzahl der Deichbrüche | Gesamtzahl der Deichbeschädigungen |
|---|---|---|---|---|---|---|---|---|---|---|
| 40 | 41 | 42 | 43 | 44 | 45 | 46 | 47 | 48 | 10 | 38 |
| **erdeich** | | | | | | | | | | |
| | | | | | | | | | | |
| | | | | | | | | | 2 | |
| | | | | | | | | | | |
| | | | | | | | | | | 16 |
| | | | | | | | | | | 18 |
| | | × | × | | | × | × | × | | 13 |
| | | | | | | | | | 1 | |
| | | | | | | | | | 1 | 3 |
| | | | | | | | | | | |
| | | | | | | | | | | |
| × | | × | | | × | | | | | 5 |
| | | | | | | | | | | |
| | | × | × | × | | | | | | 7 |
| | | | | | | | | | 1 | 4 |
| | | | | | | | | | | |
| × | | | | | | | | | | 2 |
| × | × | × | × | × | × | | | × | 1 | 15 |
| | | | | | | | | | | 1 |
| | | | | | | | | | | |
| | | | | | | | | | | |
| | | × | × | | | | | | | 2 |
| | | | | | | | | | | 1 |
| | | | | | | | | | | |
| | | | | | | | | | | |
| + 20 | + 20 | + 20 | + 20 | + 20 | + 20 | + 20 | + 20 | + 20 | | 33 [1] |
| × | × | × | × | × | × | × | × | × | | 20 |
| | | | | | | | | | | 20 |
| | | | | | | | | | | |

[1] Gesamtzahl der überfluteten Schadensstellen ohne Deichbrüche

# FRANCOP (Blatt Nr. 5630) Karte 3

## Hinweise auf mögliche Ansatzpunkte der Deichbrüche und Deichbeschädig

| Laufende Nummer der Schadensstelle | 1 | 2 | 3 | 4 | 5 | 6 | 7 | 8 | 9 | 10 |
|---|---|---|---|---|---|---|---|---|---|---|
| **1. Schwache Stellen im Deichaufbau** | | | | | | | | | | |
| a) Untergrund (Moor, Darg) | | | | | | | | | | |
| b) Deichmaterial (Schluff, Sand) | | | | | | | | | | |
| c) Deichböschung über 30° – innen | | | | | | | | × | | |
| c) Deichböschung über 30° – außen | | | | | | | | × | | |
| d) Sackungen und Senkungen | | × | | | | | × | | × | |
| e) Alte Deicherhöhungen | | | | | | | | | | |
| f) Alte Brüche (Pfosten, Soden, Bracks) | | × | | × | | | | | | |
| g) Bombeneinschläge | | | | | | | | | | |
| h) Ehemalige Fleete und Wetterungen | | | | | | | | | | |
| i) Wühlschäden | | | | | | | | | | |
| **2. Schwache Stellen durch Bauten im und am Deich** | | | | | | | | | | |
| a) Sielzüge und Schleusen | | × | × | | | | | | | |
| b) Auf den Deich hinaufführende Treppen, Fuß- und Fahrwege | | | | × | | | | × | | |
| c) Gemauerte Deichdurchlässe (Slöp, Stöpe) | | | | | | | | | | |
| d) Wege auf dem Deich aus Grand, Schlacken oder Steinen | | | | | | | | | | |
| e) Kabel, Wasserleitungen, Pfosten, Masten, Bäume | | | | | | | | | | |
| f) Häuser oder Mauern am oder auf dem Deich | | | | | | | | | | |
| **3. Exposition des Deiches als Gefahrenquelle** | | | | | | | | | | |
| a) Elbe | | | | | | | | | | |
| b) Wetterungen und Hauptgräben im Vorland | | | | | | | | | | |
| c) Stauzonen und Deichknicke | | | | | | | | | | |
| d) Freies Vorland | | | | | | | | | | |
| **4. Überflutungshöhe und Überflutungswirkung** | | | | | | | | | | |
| a) Überflutungshöhe in dm | – | $\overline{1,5}$ | $\overline{5}$ | $\overline{5}$ | $\overline{1}$ | + | + | .+ | + | .+ |
| b) Erosion | | | | | | × | × | × | | × |
| c) Durchfeuchtung durch Überflutung und binnendeichs stehendes Wasser | | | | | | | × | × | × | |
| **5. Brandung an der Außenböschung** | | | × | | | | | | | |

Zeichenerklärung × möglicher Ansatzpunkt des Deichschadens festgestellt ◯ Teilbruch

| 13 | 14 | 15 | 16 | 17 | 18 | 19 | 20 | 21 | 22 | 23 | 24 | 25 | 26 | 27 | 28 | 29 | 30 | 31 | 32 | 33 | 34 | 35 | 36 | 37 | 38 | 39 | 40 |
|---|---|---|---|---|---|---|---|---|---|---|---|---|---|---|---|---|---|---|---|---|---|---|---|---|---|---|---|
|  |  |  | **Winterdeich** |  |  |  |  |  |  |  |  |  |  |  |  |  |  |  |  |  |  |  |  |  |  |  |  |
|  |  |  |  |  |  |  |  |  |  |  |  |  |  |  |  |  |  |  |  |  |  |  |  |  |  |  |  |
|  |  |  | × |  |  |  |  | × |  |  | × |  |  |  | × |  |  |  |  |  |  |  |  |  |  |  |  |
|  |  |  |  |  |  |  |  |  |  |  |  |  |  |  |  |  |  |  |  |  |  |  |  |  |  |  |  |
|  |  |  |  | × |  |  | × |  |  |  |  |  |  |  | × |  |  |  |  |  |  |  | × | × | × | × | × |
|  |  |  |  | × |  |  | × |  |  |  |  |  |  |  | × |  |  |  |  |  |  |  |  | × | × | × | × |
|  |  |  |  |  | × |  |  |  |  |  |  |  |  |  |  |  | × |  | × |  | × | × |  |  | × |  |  |
|  |  |  |  |  |  |  |  |  |  |  |  |  |  |  |  | × |  |  |  |  |  |  |  |  |  |  |  |
|  |  |  |  |  |  |  |  |  | × |  | × |  |  |  |  | × |  |  |  |  |  |  |  |  |  |  |  |
|  |  |  |  |  |  |  |  |  |  |  |  |  |  |  |  |  |  |  |  |  |  |  |  |  |  |  |  |
|  |  |  |  |  |  |  |  |  |  |  |  |  |  |  |  |  |  |  |  |  |  |  |  |  |  |  |  |
|  |  |  |  | × |  |  |  |  |  |  |  | × | × |  |  | × |  |  |  |  |  |  |  |  |  |  |  |
|  |  |  |  |  |  |  |  |  |  |  |  |  |  |  |  |  |  |  |  |  |  |  |  |  |  |  |  |
|  |  |  |  |  |  |  |  |  |  |  |  |  |  |  |  |  |  |  |  |  |  |  |  |  |  |  |  |
|  |  |  |  |  |  |  |  |  |  |  |  |  |  |  |  |  |  |  |  |  |  |  |  |  |  |  |  |
|  |  |  |  |  |  |  |  | × |  |  |  |  |  |  |  |  |  |  |  |  |  |  |  | × |  |  |  |
|  |  |  |  |  |  |  |  |  |  |  |  |  | × | × |  |  |  |  |  |  |  |  |  |  |  |  |  |
|  |  |  |  |  |  |  |  |  |  |  |  |  |  |  |  |  |  |  |  |  |  |  |  |  |  |  |  |
|  |  |  |  |  |  |  |  |  |  | × |  |  |  |  |  |  |  |  |  | × | × |  |  |  |  |  |  |
|  |  |  |  |  |  |  |  |  |  |  |  |  |  |  |  |  |  |  |  |  |  |  |  |  |  |  |  |
|  |  |  |  |  |  |  |  |  |  |  |  |  |  |  |  |  |  |  |  |  |  |  |  |  |  |  |  |
|  |  |  |  |  |  |  |  |  |  |  |  |  |  |  |  |  |  |  |  |  |  |  |  |  |  |  |  |
|  |  |  |  |  |  |  |  |  |  |  |  |  |  |  |  |  |  |  |  |  |  |  |  |  |  |  |  |
|  |  |  |  |  |  |  |  |  |  |  |  |  |  |  |  |  |  |  |  |  |  |  |  |  |  |  |  |
|  |  |  |  |  |  |  |  |  |  |  |  |  |  |  |  |  |  |  |  |  |  |  |  |  |  |  |  |
|  |  |  |  |  |  |  |  |  |  |  |  |  |  |  | × |  |  |  |  |  |  |  |  |  |  |  |  |
|  |  |  |  |  |  |  |  |  |  |  |  |  |  |  |  |  |  |  |  |  |  |  |  |  |  |  |  |
|  |  |  |  |  |  |  |  |  |  |  |  |  |  |  |  |  |  |  |  |  |  |  |  |  |  |  |  |
|  | + | + |  | + | + |  | ±0 |  |  | − 1 |  | + | ±0 | + | + |  | + | + | + | + | + | + | + | + | + 1 | + 0,5 | + 0,5 |
|  |  |  |  |  |  |  |  |  |  |  |  |  |  | × |  |  |  |  |  |  |  |  |  |  | × |  |  |
|  | × | × |  | × | × |  | × |  |  |  |  | × |  | × |  |  | × | × | × | × | × | × | × | × | × | × |  |
|  |  |  |  |  |  |  |  |  |  |  |  |  | × |  | × |  |  |  |  |  |  |  |  |  |  |  | × |

er bis Deichkronenhöhe + Deich an der Schadensstelle überflutet, (Ziffer gibt Höhe der Üb

**Sommerdeich**

| 41 | 42 | 43 | 44 | 45 | 46 | 47 | 48 | 49 | 50 | 51 | 52 | 53 | 54 | 55 | 56 | 57 | 58 | 59 | 60 | 61 | 62 | 63 | 64 | 65 | 66 | 67 | 68 | 69 | 70 |
|---|---|---|---|---|---|---|---|---|---|---|---|---|---|---|---|---|---|---|---|---|---|---|---|---|---|---|---|---|---|
| × |  | × | × |  | × |  | × | × |  |  |  |  |  |  |  |  |  |  |  |  | × |  |  |  |  |  |  |  |  |
| × | × | × |  | × |  | × |  |  |  | × | × |  | × | × | × | × | × |  |  |  | × |  |  | × |  |  |  | × |  |
|  |  |  | × |  |  |  |  | × |  | × |  |  |  |  |  |  | × |  |  | × |  |  | × |  | × | × | × |  |  |
|  |  |  |  |  |  | × |  |  | × |  | × | × | × |  |  |  | × | × |  |  | × |  |  |  |  |  |  | × |  |
|  |  |  |  |  |  |  |  |  |  |  | × |  |  | × | × | × |  |  |  |  |  |  |  |  |  |  |  |  |  |
| × | × | × |  | × |  |  | × |  |  |  | × | × | × |  | × | × |  | × | × | × |  | × |  |  | × | × | × | × | × |
| +28 | +28 | +28 | +28 | +28 | +23 | +23 | +23 | +23 | +23 | +23 | +25 | +25 | +25 | +25 | +25 | +23 | +23 | +23 | +23 | +23 | +26 | +26 | +26 | +26 | +26 | +26 | +24 | +24 | +23 |
|  |  |  | × | × | × | × | × | × | × | × | × | × | × | × | × | × | × | × | × | × | × | × | × |  | × | × | × | × | × |
|  | × | × | × | × |  | × |  |  |  |  |  |  |  | × |  |  |  |  |  | × |  | × |  |  |  |  |  | × |  |

…berflutung des Deiches bezogen auf Deichkrone in dm an.) — Deich an der Schadensstelle nicht überflu…

Tabelle 6

| | | | | | | | | | Gesamtzahl der Deich-brüche | Gesamtzahl der Deich-beschädi-gungen |
|---|---|---|---|---|---|---|---|---|---|---|
| 73 | 74 | 75 | 76 | 77 | 78 | 79 | 80 | Laufende Nummer der Schadensstelle | 10 | 70 |
| | | | | | | | | **1. Schwache Stellen im Deichaufbau** | | |
| | | | | | | | | a) Untergrund (Moor, Darg) | 4 | |
| | | | | | | | | b) Deichmaterial (Schluff, Sand) | | |
| | | | | | | | | c) Deichböschung über 30°: innen | | 9 |
| | | | | | | | | c) Deichböschung über 30°: außen | | 8 |
| × | | | | | | | | d) Sackungen und Senkungen | | 18 |
| | | | | | | | | e) Alte Deicherhöhungen | 1 | |
| | | | | | | | | f) Alte Brüche (Pfosten, Soden, Bracks) | 3 | 2 |
| | | | | | | | | g) Bombeneinschläge | | |
| | | | | | | | | h) Ehemalige Fleete und Wetterungen | | |
| | × | | | | | | | i) Wühlschäden | 1 | 20 |
| | | | | | | | | **2. Schwache Stellen durch Bauten im und am Deich** | | |
| × | | | | | | × | | a) Sielzüge und Schleusen | | 15 |
| | | | | | | | | b) Auf den Deich hinaufführende Treppen, Fuß- und Fahrwege | 1 | 12 |
| | | | | | | | | c) Gemauerte Deichdurchlässe (Slöp, Stöpe) | | 2 |
| | | | | | | | | d) Wege auf dem Deich aus Grand, Schlacken oder Steinen | | 4 |
| × | × | × | × | | | × | | e) Kabel, Wasserleitungen, Pfosten, Masten, Bäume | | 29 |
| | | | | | | | | f) Häuser oder Mauern am oder auf dem Deich | | |
| | | | | | | | | **3. Exposition des Deiches als Gefahrenquelle** | | |
| | | | | | | | | a) Elbe | | |
| | | | | | | | | b) Wetterungen und Hauptgräben im Vorland | | |
| | | | | | | | | c) Stauzonen und Deichknicke | | |
| | | | | | | | | d) Freies Vorland | | 1 |
| | | | | | | | | **4. Überflutungshöhe und Überflutungswirkung** | | |
| + 3 | + 23 | + 23 | + 23 | + 23 | | + 23 | | a) Überflutungshöhe in dm | | 64 [1] |
| × | × | × | × | × | | | | b) Erosion | | 40 |
| | | | × | × | | | | c) Durchfeuchtung durch Überflutung und binnendeichs stehendes Wasser | | 31 |
| | | | | | | | | **5. Brandung an der Außenböschung** | | 4 |

[1] Gesamtzahl der überfluteten Schadensstellen ohne Deichbrüche

# **Hohenwisch** (Blatt Nr. 5830) Karte 4

## Hinweise auf mögliche Ansatzpunkte der Deichbrüche und Deichbeschädigungen

| Laufende Nummer der Schadensstelle | (1) | 2 | 3 | 4 | 5 | 6 | 7 | 8 | 9 | 10 | 11 | 12 | 13 |
|---|---|---|---|---|---|---|---|---|---|---|---|---|---|
| **1. Schwache Stellen im Deichaufbau** | | | | | | | | | | | | | |
| a) Untergrund (Moor, Darg) | | | | | | | | | | | | | |
| b) Deichmaterial (Schluff, Sand) | | | | | | | | | | | | | |
| c) Deichböschung über 30° innen | | × | × | | | × | × | × | × | | | × | × |
| c) Deichböschung über 30° außen | | | | × | × | | | | | | | | |
| d) Sackungen und Senkungen | | | | | | | | | | | | | |
| e) Alte Deicherhöhungen | | | | | | | | | | | | | |
| f) Alte Brüche (Pfosten, Soden, Bracks) | | × | | | | | | | | | | | |
| g) Bombeneinschläge | | | | | | | | | | | | | |
| h) Ehemalige Fleete und Wetterungen | | | | | | | | | | | | | |
| i) Wühlschäden | | | | | | | | | | | | | |
| **2. Schwache Stellen durch Bauten im und am Deich** | | | | | | | | | | | | | |
| a) Sielzüge und Schleusen | | | | | | | | | | | | | |
| b) Auf den Deich hinaufführende Treppen, Fuß- und Fahrwege | | | × | | | | × | × | | | × | | |
| c) Gemauerte Deichdurchlässe (Slöp, Stöpe) | | | | | | | | | | | | | |
| d) Wege auf dem Deich aus Grand, Schlacken oder Steinen | | | | | | | | | | | | | × |
| e) Kabel, Wasserleitungen, Pfosten, Masten, Bäume | × | × | | × | | | | | × | | | | |
| f) Häuser oder Mauern am oder auf dem Deich | | | | | | | | | | | | | |
| **3. Exposition des Deiches als Gefahrenquelle** | | | | | | | | | | | | | |
| a) Elbe | | | | | | | | | | | | | |
| b) Wetterungen und Hauptgräben im Vorland | | | | | | | | | | | | | |
| c) Stauzonen und Deichknicke | | | | | | | | | | | | | |
| d) Freies Vorland | × | × | × | × | × | × | × | | | | × | × | × |
| **4. Überflutungshöhe und Überflutungswirkung** | | | | | | | | | | | | | |
| a) Überflutungshöhe in dm | | + | + | + | + | + | + | + 2 | + 1,5 | + 1,5 | + 1,5 | + 1,5 | + 1, |
| b) Erosion | | × | | × | × | | × | × | × | | × | × | × |
| c) Durchfeuchtung durch Überflutung und binnendeichs stehendes Wasser | | | × | | | × | | | | | | | |
| **5. Brandung an der Außenböschung** | | | | | | | | | | × | | | |

Zeichenerklärung × möglicher Ansatzpunkt des Deichschadens festgestellt ○ Teilbruch ● Totalbr

| 16 | 17 | 18 | 19 | 20 | 21 | 22 | 23 | 24 | 25 | 26 | 27 | 28 | 29 | 30 | 31 | 32 | 33 | 34 | 35 | 36 | 37 | 38 | 39 | 40 | 41 | 42 | 43 | 44 | 45 | 46 |
|---|---|---|---|---|---|---|---|---|---|---|---|---|---|---|---|---|---|---|---|---|---|---|---|---|---|---|---|---|---|---|
| | | | | | | | | | | | | | | **Winterdeich** | | | | | | | | | | | | | | | | |
| | | | | | | | × | | | | | | × | | | × | | | × | × | × | × | × | × | × | × | × | × | | × |
| | | | | | | × | × | | | | × | | | | × | × | × | × | | | | | | × | | | | | × | |
| × | | | × | | | | | | | | × | | | | | | | | | | | | | | | | | | | |
| | × | × | × | × | × | × | | × | × | | × | | | | | | | × | | × | × | × | × | × | × | | × | | | |
| | | | | | | | | | | × | | | × | | | × | | | | | | | | | | × | × | | | |
| | | | | | | | | | × | | | | | | | | | | | | | | | | | | | | | |
| × | × | × | | | | | | | | | | | | | | | | | | | | | | | | | | | | |
| + | + | + | + | + | + | + | + | + 1 | + | + 2 | + 2 | + | + | + | + | + | + | + | + | + | + | + | + | + 2 | + 6 | + 6 | + | + 1,5 | + 1,5 | + 1,5 |
| | | | | | | | | | | | × | × | × | × | | | × | × | × | × | × | | | × | × | × | × | × | | × |
| | | × | | | | | × | | | | | | × | | | × | | | | | | × | × | | | | | | | × |
| × | × | | × | × | × | × | | × | × | × | | | | | × | | | | | | | | | | | | | | × | |

● Wasser bis Deichkronenhöhe + Deich an der Schadensstelle überflutet. (Ziffer gibt Höhe der Überflutung des

| 47 | 48 | 49 | 50 | 51 | 52 | 53 | 54 | 55 | 56 | 57 | 58 | 59 | 60 | 61 | 62 | 63 | 64 | 65 | 66 | 67 | 68 | 69 | 70 | 71 | 72 | 73 | 74 | 75 | 76 |
|---|---|---|---|---|---|---|---|---|---|---|---|---|---|---|---|---|---|---|---|---|---|---|---|---|---|---|---|---|---|
|  |  |  |  |  |  |  |  |  |  |  |  | × |  |  |  |  |  |  |  |  | × |  |  | × |  |  |  |  |  |
|  | × |  | × |  |  | × | × | × | × |  | × |  | × | × | × | × | × |  | × |  |  |  |  |  | × |  | × |  |  |
|  |  |  |  |  |  |  |  |  |  |  |  |  |  |  |  |  |  |  |  |  |  |  |  |  | × | × | × |  |  |
|  |  |  |  |  |  |  |  |  |  |  |  |  |  |  |  |  |  |  |  |  | × |  |  |  |  |  |  |  |  |
|  |  |  |  |  | × |  |  |  |  |  |  |  |  | × |  |  |  |  |  |  |  |  |  |  |  |  |  |  |  |
|  |  |  |  | × |  |  |  |  |  |  |  |  |  |  |  |  |  |  |  |  |  |  |  |  |  |  |  |  |  |
| × |  | × |  | × | × |  |  |  |  | × |  |  |  |  |  |  |  | × |  |  |  |  | × | × |  |  |  |  |  |
|  |  |  |  |  |  |  |  |  |  |  |  |  |  |  |  |  |  | × |  |  |  |  |  |  |  |  |  |  |  |
|  | × |  |  | × | × |  |  |  |  | × | × |  |  | × |  |  |  |  |  |  |  |  |  |  |  |  |  |  |  |
|  |  | × |  |  |  |  |  |  | × |  |  |  |  |  |  |  |  |  |  |  |  |  |  |  |  |  |  |  |  |
|  |  |  |  | × |  |  |  |  |  |  |  | × |  |  |  |  |  | × |  |  |  |  |  | × |  |  |  |  |  |
|  |  |  |  | × | × | × | × |  |  |  |  |  |  |  |  |  |  |  |  | × | × |  | × |  |  | × |  |  |  |
|  |  |  |  | × | × | × | × | × | × | × | × |  |  | × | × | × | × | × |  |  |  |  |  |  |  |  |  | × | × |
| + 1,5 | + |  | + | + 2 | + 2 | + 2 | + 2 | + | + | + | + |  | + | + | + | + | + |  | + 1 |  |  | + | + |  | + |  | + | + | + |
| × | × |  |  |  | × | × |  |  |  |  |  |  |  |  |  |  |  |  |  |  |  |  |  |  |  |  |  | × |  |
|  |  |  | × |  |  |  | × | × | × | × | × |  | × | × | × | × | × |  | × |  |  | × | × |  | × |  | × |  | × |
|  |  |  |  | × |  |  |  |  |  |  |  |  |  |  |  |  |  |  |  |  |  |  |  |  |  |  |  |  |  |

Deiches bezogen auf Deichkrone in dm an.)

**Sommerdeich**

| 80 | 81 | 82 | 83 | 84 | 85 | 86 | 87 | 88 | 89 | 90 | 91 | 92 | 93 | 94 | 95 | 96 | 97 | 98 | 99 | 100 | 101 | 102 | 103 | 104 | 105 | 106 | 107 | 108 | 109 |
|---|---|---|---|---|---|---|---|---|---|---|---|---|---|---|---|---|---|---|---|---|---|---|---|---|---|---|---|---|---|
| | | | | | | × | | | | | | | | | | | | | | | | | | × | | | | | |
| | | | | | | | | | | | | | | | | | | | | | | | | | | | | | × |
| | | × | × | | | | | | | | | | | | | | | | | | | | | | | | | | |
| | | | | | | | | | | × | | × | × | | | | × | × | | × | × | × | × | × | × | × | × | | × |
| | | | | | | | | | | | | | | | | | | | | | | | | × | × | × | × | × | × |
| | | × | × | | | | | | | | | | | | | | | | | | | | | | | | | | |
| | | | | | | | | | | | | | | | | | | | | | | | | | | × | × | × | × |
| × | × | × | × | × | × | × | × | × | × | × | × | × | × | × | × | × | × | × | × | × | × | × | × | × | × | × | × | × | × |
| + 15 | + | | | + | + 18 | | + | + | | + 19 | | | | | | | | | | + | | + | | | + 22 | | | + 22 | + 22 |
| | × | | | | | | × | × | | × | | | | | | | | | | | | | | | × | | | | × |
| | | | | × | × | | × | × | | × | | | | | | | | | | × | | × | | | × | | | × | × |
| × | | | | | | | | | | | | | | | | | | | | | | | | | | | | | |

| 109 | 110 | 111 | 112 | 113 | 114 | 115 | 116 | 117 | 118 | 119 | 120 | 121 | 122 | 123 | L |
|---|---|---|---|---|---|---|---|---|---|---|---|---|---|---|---|
| | | | | | | | | | | | | | | | **1. Schwache** |
| | | | | | | | | | | | | | | | a) Untergru |
| | | | | | | | | | | | | | | | b) Deichma |
| | | | | | | | | | | | | | | | c) Deichbö |
| × | × | | | | | | | | | | | | | × | d) Sackung |
| | | | | | | | | | | | | | | | e) Alte Dei |
| | | | | | | | | | | | | | | | f) Alte Brü |
| | | | | | | | | | | | | | | | g) Bomben |
| | | | | | | | | | | | | | | | h) Ehemalig |
| | | | | | | | | | | | | | | × | i) Wühlsch |
| | | | | | | | | | | | | | | | **2. Schwache** |
| | | | | | | | | | | | | | | | a) Sielzüge |
| | | | | | | | | | | | | | | | b) Auf den Fuß- und |
| | | | | | | | | | | | | | | | c) Gemauer |
| | | | | | | | | | | | | | | | d) Wege au |
| × | | | | | | | | | | | | | | | e) Kabel, W |
| | | | | | | | | × | | | | | | | f) Häuser o |
| | | | | | | | | | | | | | | | **3. Exposition** |
| × | | | | × | | | | | | | | | | | a) Elbe |
| | | | | × | | | | | | | × | | | | b) Wetterun |
| × | | | × | × | | | | | | | | | | | c) Stauzone |
| × | | | | × | × | × | × | × | × | × | × | × | × | | d) Freies V |
| | | | | | | | | | | | | | | | **4. Überflutun** |
| + 22 | + | + | | | + | + | + | + | + 24 | + 24 | + 24 | + 24 | + | + 26 | a) Überflut |
| × | × | × | | | | × | | | | | × | × | | × | b) Erosion |
| × | × | | | | × | × | × | × | × | × | × | × | × | × | c) Durchfeu binnende |
| | | | | | | | | × | | | | | | | **5. Brandung a** |

Tabelle 7

| | Gesamtzahl der | |
|---|---|---|
| | Deichbrüche | Deich-beschädigungen |
| ·Nummer der Schadensstelle | 30 | 93 |
| **·n Deichaufbau** | | |
| ·, Darg) | 3 | |
| ·hluff, Sand) | 3 | |
| ·er 30° { innen | | 38 |
| außen | | 3 |
| ·nkungen | | 3 |
| ·ngen | | |
| ·ten, Soden, Bracks) | 1 | 3 |
| | | |
| ·und Wetterungen | 1 | |
| | | 3 |
| **·urch Bauten im und am Deich** | | |
| ·eusen | 2 | 1 |
| ·inaufführende Treppen, ·ge | 3 | 19 |
| ·urchlässe (Slöp, Stöpe) | 1 | |
| ·ich aus Grand, Schlacken oder Steinen | | 6 |
| ·ngen, Pfosten, Masten, Bäume | 10 | 32 |
| ·rn am oder auf dem Deich | 1 | 7 |
| **·hes als Gefahrenquelle** | | |
| | 4 | 3 |
| Hauptgräben im Vorland | 7 | 2 |
| ·ichknicke | 7 | 8 |
| | 22 | 47 |
| **·nd Überflutungswirkung** | | |
| ·in dm | | 93[1] |
| | | 43 |
| ·urch Überflutung und ·ndes Wasser | | 48 |
| **·ßenböschung** | | 15 |

[1]) Gesamtzahl der überfluteten Schadensstellen ohne Deichbrüche

# Moorburg-West (Blatt Nr. 5828) Karte 4

Tabelle 8

## Hinweise auf mögliche Ansatzpunkte der Deichbrüche und Deichbeschädigungen

| Laufende Nummer der Schadensstelle | (1) | 2 | 3 | 4 | 5 | 6 | Gesamtzahl der Deichbrüche | Gesamtzahl der Deichbeschädigungen |
|---|---|---|---|---|---|---|---|---|
| | | | | | | | 1 | 5 |
| | Winterdeich | | | | | | | |
| **1. Schwache Stellen im Deichaufbau** | | | | | | | | |
| a) Untergrund (Moor, Darg) | | | | | | | | |
| b) Deichmaterial (Schluff, Sand) | | | | | | | | |
| c) Deichböschung über 30° innen | | × | | | | | | 1 |
| c) Deichböschung über 30° außen | | | | | | | | |
| d) Sackungen und Senkungen | | | × | | | | | 1 |
| e) Alte Deicherhöhungen | | | | | | | | |
| f) Alte Brüche (Pfosten, Soden, Bracks) | | | | | | | | |
| g) Bombeneinschläge | | | | | | | | |
| h) Ehemalige Fleete und Wetterungen | | | | | | | | |
| i) Wühlschäden | | | | | | | | |
| **2. Schwache Stellen durch Bauten im und am Deich** | | | | | | | | |
| a) Sielzüge und Schleusen | | | | | | | | |
| b) Auf den Deich hinaufführende Treppen, Fuß- und Fahrwege | × | | × | | | | 1 | 1 |
| c) Gemauerte Deichdurchlässe (Slöp, Stöpe) | | | | | | | | |
| d) Wege auf dem Deich aus Grand, Schlacken oder Steinen | | × | | | | | | 1 |
| e) Kabel, Wasserleitungen, Pfosten, Masten, Bäume | × | | | | | | 1 | |
| f) Häuser oder Mauern am oder auf dem Deich | | | | × | | | | 1 |
| **3. Exposition des Deiches als Gefahrenquelle** | | | | | | | | |
| a) Elbe | | | | | | | | |
| b) Wetterungen und Hauptgräben im Vorland | | | | | | | | |
| c) Stauzonen und Deichknicke | | | | | | | | |
| d) Freies Vorland | | | | × | × | × | | 3 |
| **4. Überflutungshöhe und Überflutungswirkung** | | | | | | | | |
| a) Überflutungshöhe in dm | | + 2,5 | + 2 | + 7 | + | + | | 5[1] |
| b) Erosion | | | × | | | | | 1 |
| c) Durchfeuchtung durch Überflutung und binnendeichs stehendes Wasser | | × | × | | | | | 2 |
| **5. Brandung an der Außenböschung** | | | | × | × | × | | 3 |

× möglicher Ansatzpunkt des Deichschadens festgestellt
○ Teilbruch
\+ Deich an der Schadensstelle überflutet, (Ziffer gibt die Höhe der Überflutung des Deiches bezogen auf Deichkrone in dm an.)

[1] Gesamtzahl der überfluteten Schadensstellen ohne Deichbrüche.

## **Moorburg-Mitte** (Blatt Nr. 6028) Karte 5

### Hinweise auf mögliche Ansatzpunkte der Deichbrüche und Deichbeschä

| Laufende Nummer der Schadensstelle | 1 | 2 | 3 | 4 | 5 | 6 | 7 | 8 | 9 |
|---|---|---|---|---|---|---|---|---|---|
| **1. Schwache Stellen im Deichaufbau** | | | | | | | | | |
| a) Untergrund (Moor, Darg) | | | | | | | | | |
| b) Deichmaterial (Schluff, Sand) | | | | | | | | | |
| c) Deichböschung über 30°: innen | | | × | | | × | | × | × |
| c) Deichböschung über 30°: außen | | | | | | | | | |
| d) Sackungen und Senkungen | | | | | | | | | |
| e) Alte Deicherhöhungen | | | | | | | | | |
| f) Alte Brüche (Pfosten, Soden, Bracks) | | | | | | | | | |
| g) Bombeneinschläge | × | | | | | | | | |
| h) Ehemalige Fleete und Wetterungen | | | | | | | × | | |
| i) Wühlschäden | | | | | | | | | |
| **2. Schwache Stellen durch Bauten im und am Deich** | | | | | | | | | |
| a) Sielzüge und Schleusen | | | | | | | | | |
| b) Auf den Deich hinaufführende Treppen, Fuß- und Fahrwege | | | | | × | | × | × | |
| c) Gemauerte Deichdurchlässe (Slöp, Stöpe) | | | | | | | | | |
| d) Wege auf dem Deich aus Grand, Schlacken oder Steinen | | | | | | | | | |
| e) Kabel, Wasserleitungen, Pfosten, Masten, Bäume | | | | | | | | | |
| f) Häuser oder Mauern am oder auf dem Deich | × | × | | × | | | × | | |
| **3. Exposition des Deiches als Gefahrenquelle** | | | | | | | | | |
| a) Elbe | × | × | × | × | × | × | × | | |
| b) Wetterungen und Hauptgräben im Vorland | × | × | | | | | | | |
| c) Stauzonen und Deichknicke | | | | | | | × | | |
| d) Freies Vorland | × | | | | | | × | | |
| **4. Überflutungshöhe und Überflutungswirkung** | | | | | | | | | |
| a) Überflutungshöhe in dm | | + 2 | + 0 | + | + 4 | + 1 | | + | + 1,5 |
| b) Erosion | | × | × | × | × | × | | × | × |
| c) Durchfeuchtung durch Überflutung und binnendeichs stehendes Wasser | | | | | | | | | |
| **5. Brandung an der Außenböschung** | | | | | | | | | |

Zeichenerklärung: × möglicher Ansatzpunkt des Deichschadens festgestellt ○ Teilbruc
+ Deich an der Schadensstelle überflutet, (Ziffer gibt Höhe der Überf

gen

| 13 | 14 | 15 | 16 | 17 | 18 | 19 | 20 | 21 | 22 | 23 | 24 | 25 | 26 | 27 | 28 | 29 | 30 | 31 | 32 | 33 | 34 | 35 | 36 | 37 | 38 | 39 |
|---|---|---|---|---|---|---|---|---|---|---|---|---|---|---|---|---|---|---|---|---|---|---|---|---|---|---|
| | | | | | | | | | | | | Winterdeich | | | | | | | | | | | | | | |
| | | | | | | | | | | | | | | | | | | | | X | | | | | | |
| | | | | | | | | | | | | | X | | | | | | X | | | | | | | |
| | X | | X | X | X | X | | | | | | | X | X | | X | X | X | X | | X | X | X | X | | |
| | | | | | X | | | | | | | | | | | | | | | | | X | X | | | |
| X | | | | | | | | | | | | | | | | | | | | | | | | | | |
| | | | | | | | | | | | | | | | | X | | | X | | | | | | | |
| X | X | | X | | | | | | | | X | X | | | | | X | X | | X | X | X | | X | | X |
| | | X | X | | X | | | | | | X | | | X | X | | | X | X | X | | | X | | X | |
| | | | | | | | | | | | | | X | | | | | | | | | X | | | | |
| | | | | | | | | | | | | | X | | | X | | | X | | | | | | | |
| | | | | | | | X | | | | | X | | | | | | | | | | | | | | |
| | X | | X | | | | | | | | X | X | | | X | | X | X | | X | X | X | X | | | X |
| | | X | | | | | | | | | | | | | | | | | | | | | | | | X |
| | + 4,5 | | + 3 | + | + | + | | + | | + | | | + | + | | + 4 | + 4 | + | ± 0 | | ± 0 | ± 0 | ± 0 | ± 0 | + | |
| | X | | X | | X | X | | X | | X | | | X | X | | X | | X | | | | X | X | X | X | |
| | | | X | | | X | | | | | | | | | | X | X | | X | | X | X | X | | X | |

otalbruch ±0 Wasser bis Deichkronenhöhe
Deiches bezogen auf Deichkrone in dm an.) — Deich an der Schadensstelle nicht überflutet

Tabelle 9

| 40 | 41 | 42 | 43 | 44 | 45 | 46 | 47 | 48 | 49 | 50 | 51 | 52 | 53 | 54 | 55 | 56 | 57 | 58 | 59 | 60 | 61 | Gesamtzahl der Deichbrüche | Gesamtzahl der Deichbeschädigungen |
|---|---|---|---|---|---|---|---|---|---|---|---|---|---|---|---|---|---|---|---|---|---|---|---|
| | | | | | | | | | | | | | | | | | | | | | | 13 | 48 |
| | | | | | | | | | | | | | **Sommerdeich** | | | | | | | | | | |
| | | | | | | | | | | | | | | | | | | | | | | | |
| | | | | | | | | | | | | | | | | | | | | | | 1 | |
| × | × | | | | | | | | | | | | | | | | | | | | | 1 | 3 |
| × | | × | | × | | × | × | | × | | | | | | | | | | | | | | 28 |
| | | | | | | | | | | | | | | | | | | | | | | | |
| | | | | × | | | × | × | | | | × | | | | | | | | | | | 7 |
| × | × | | | | | | | | | | | | | | | | | | | | | 1 | 1 |
| | | | | | | | | | | | | | | | | | | | | | | | |
| | | | | | | | | | | | | | | | | | | | | | | 2 | |
| | | | | | | | | | | | | | | | | | | | | | | 1 | |
| | | | | | × | | | × | | × | | | | × | × | × | × | × | × | × | | | 12 |
| | | | | | | | | | | | | | | | | | | | | | | | |
| | | | | | | | | | | | | | | | | | | | | | | | |
| | | | × | × | | | × | | | × | × | | | | | | | | | | | 6 | 12 |
| × | | | × | × | × | × | | × | × | | | × | | | | | | | | | | 6 | 18 |
| | | | | | | | | | | | | | | | | | | | | | | | |
| | | | | | | | | | | | | × | | | | | | | | | | | 3 |
| × | | × | | | | × | | × | | × | | | | | | | | × | | | | | 9 |
| | | | | | | | | | | | | | | | | | | | | | | 4 | 2 |
| | | | | | | | | | | | | | | | | | | | | | | | |
| | | | | | | | | | | | | | | | | | | | | | | | |
| | | | | | | | | | | | | | × | × | × | | | | | | | 2 | 8 |
| | | | × | × | × | | | | | × | × | | | | | × | | | × | | | 7 | 15 |
| × | × | | | | | | | | | | | | × | | | × | × | | × | | | 4 | 5 |
| | | | | | | | | | | | | | | | | | | | | | × | 2 | 1 |
| | | | | | | | | | | | | | | | | | | | | | | | |
| | | | | | | | | | | | | | | | | | | | | | | | |
| + 1,5 | | + 3 | | + 1 | + 1,5 | + 1,5 | + 3 | + 3 | + 3 | + 3 | + 3 | + 3 | + 15 | + | + | + | + 25 | + 25 | + | + | + | | 48 [1] |
| × | | × | | × | | × | × | | × | | | × | | × | | × | × | | × | | × | | 35 |
| × | | × | | × | | | × | | | | × | × | | × | | | | | | × | | | 17 |
| | | | | | | | | | | | | | | | | | | | | | | | |
| | | | | | × | | | × | | × | | | × | | × | | | × | | | × | | 7 |

[1] Gesamtzahl der überfluteten Schadensstellen ohne Deichbrüche

# Moorburg-Ost (Blatt Nr 6228) Karte 5

## Hinweise auf mögliche Ansatzpunkte der Deichbrüche und

| Laufende Nummer der Schadensstelle | 1 | 2 | 3 | 4 | 5 |
|---|---|---|---|---|---|
| **1. Schwache Stellen im Deichaufbau** | | | | | |
| a) Untergrund (Moor, Darg) | | | | | |
| b) Deichmaterial (Schluff, Sand) | | | | | |
| c) Deichböschung über 30°: innen | | | | × | |
| c) Deichböschung über 30°: außen | | | | | |
| d) Sackungen und Senkungen | | | | | |
| e) Alte Deicherhöhungen | | | | | |
| f) Alte Brüche (Pfosten, Soden, Bracks) | | | | | |
| g) Bombeneinschläge | | | | | |
| h) Ehemalige Fleete und Wetterungen | | | | | |
| i) Wühlschäden | | | | | |
| **2. Schwache Stellen durch Bauten im und am Deich** | | | | | |
| a) Sielzüge und Schleusen | | | | × | × |
| b) Auf den Deich hinaufführende Treppen, Fuß- und Fahrwege | × | × | × | | × |
| c) Gemauerte Deichdurchlässe (Slöp, Stöpe) | | | | | |
| d) Wege auf dem Deich aus Grand, Schlacken oder Steinen | | | | | |
| e) Kabel, Wasserleitungen, Pfosten, Masten, Bäume | | | | | |
| f) Häuser oder Mauern am oder auf dem Deich | | | × | × | |
| **3. Exposition des Deiches als Gefahrenquelle** | | | | | |
| a) Elbe | | | | | |
| b) Wetterungen und Hauptgräben im Vorland | | | | | |
| c) Stauzonen und Deichknicke | × | × | × | × | |
| d) Freies Vorland | | | | | |
| **4. Überflutungshöhe und Überflutungswirkung** | | | | | |
| a) Überflutungshöhe in dm | + | + | + | + | + |
| b) Erosion | × | × | × | × | × |
| c) Durchfeuchtung durch Überflutung und binnendeichs stehendes Wasser | | | | | |
| **5. Brandung an der Außenböschung** | | | | | |

Zeichenerklärung: × möglicher Ansatzpunkt des Deichschadens festgestell

±0 Wasser bis Deichkronenhöhe + Deich an der
gibt Höhe der Überflutung des Deiches bezogen au

— Deich an der Schadensstelle nicht überflutet

Tabelle 10

# eschädigungen

| 9 | 10 | 11 | 12 | 13 | 14 | 15 | 16 | 17 | 18 | 19 | 20 | 21 | 22 | 23 | 24 | 25 | 26 | Gesamtzahl der Deichbrüche | Gesamtzahl der Deichbeschädigungen |
|---|---|---|---|---|---|---|---|---|---|---|---|---|---|---|---|---|---|---|---|
| | | | | | | | | | | | | | | | | | | 1 | 25 |
| **Winterdeich** | | | | | | | | | | | | | | | | | | | |
| | | | | | | | | | | | | | | | | | | | |
| | | | | | | | | | | | | | | | | | | | |
| | | | | | | | | | | | | | | | | | | | |
| | × | × | | | | | | | | | | | × | | | | | — | 4 |
| | × | | × | × | | × | | | | | | | | | × | | | — | 6 |
| | | | | | | | | | | | | | | | | | | | |
| | | | | | | | | | | | | | | | | | | | |
| | | | | | | | | | | | | | | | | | | | |
| | | | | | | | | | | | | | | | | | | | |
| | | | | | | | | | | | | | | | | | | | |
| × | | × | × | × | × | × | × | | × | × | | × | | | | | | — | 11 |
| | | | | | | | | | | | | | | | | | | | |
| × | | | × | | | | | | | | | | | | | | | — | 5 |
| | | | | × | | × | × | × | | | | × | × | × | | | | 1 | 12 |
| | | | | | | | | | | | | | | | | | | | |
| | | | | | | | | | | | | | | | | | | | |
| | | | | | | | | | | | × | × | × | | | | | — | 3 |
| | | | | | | | | | | | × | | | | | | | — | 3 |
| | | | | | | | | | | | | | | | | | | | |
| | | | × | | | | | | | | | | | | | | | — | 1 |
| | | | × | | | | | | | | | | | × | | | | 1 | 1 |
| | | | | | | | | | | | | × | × | × | | | | 1 | 6 |
| × | | | × | | | | | | × | × | × | × | × | × | | | | 1 | 9 |
| | | | | | | | | | | | | | | | | | | | |
| + | + 1,5 | ± 0 | — | — | — | — | + 1,5 | + 1,5 | ± 0 | + 0,5 | ± 0 | + 0,5 | + | | + | + | + | | 21¹⁾ |
| | × | × | | | | | | × | | | × | | × | | × | | | | 13 |
| | | | | | | | | | | | | | | | | | | | |
| × | | | × | × | × | × | × | | × | × | | × | | | | | | | 10 |

Teilbruch
elle überflutet, (Ziffer
one in dm an.)

¹) Gesamtzahl der überfluteten Schadensstellen ohne Deichbrüche

Tabelle 11

# Hinweise auf mögliche Ansatzpunkte bei Deichbrüchen

| | Blätter der Deutschen Grundkarte | | | | | | | | | | |
|---|---|---|---|---|---|---|---|---|---|---|---|
| | Hinterbrack | Cranz | Hasselwerder | Finkenwerder-W. | Vierzigstücken | Francop | Hohenwisch | Moorburg-West | Moorburg-Mitte | Moorburg-Ost | insgesamt |
| **1. Schwache Stellen im Deichaufbau** | | | | | | | | | | | |
| a) Untergrund (Moor, Darg) | 1 | – | 1 | – | 2 | 4 | 3 | – | 1 | – | 12 |
| b) Deichmaterial (Schluff, Sand) | – | – | 3 | 5 | – | – | 3 | – | 1 | – | 12 |
| c) Alte Deicherhöhungen (Schalenaufbau) | – | – | 1 | – | 1 | 1 | – | – | 1 | – | 4 |
| d) Alte Brüche (Pfosten, Soden, Bracks) | – | – | 2 | 1 | 1 | 3 | 1 | – | – | – | 8 |
| e) Bombeneinschläge | – | – | – | – | – | – | – | – | 2 | – | 2 |
| f) Ehemalige Fleete und Wetterungen | – | – | 3 | – | – | – | 1 | – | 1 | – | 5 |
| g) Wühlschäden | – | – | 1 | – | – | 1 | – | – | – | – | 2 |
| **2. Schwache Stellen durch Bauten im und am Deich** | | | | | | | | | | | |
| a) Sielzüge und Schleusen | – | – | – | 1 | – | – | 2 | – | 6 | – | 9 |
| b) Auf den Deich hinaufführende Treppen, Fuß- und Fahrwege | – | – | – | 1 | 1 | 1 | 3 | 1 | 6 | 1 | 14 |
| c) Gemauerte Deichdurchlässe (Slöp, Stöpe) | – | – | 1 | – | – | – | 1 | – | – | – | 2 |
| d) Kabel, Wasserleitungen, Masten, Pfosten, Bäume | – | – | 2 | 2 | 1 | – | 10 | 1 | – | – | 16 |
| e) Häuser am oder auf dem Deich | – | – | – | – | – | – | 1 | – | 4 | – | 5 |
| **3. Exposition des Deiches als Gefahrenquelle** | | | | | | | | | | | |
| a) Elbe | 1 | – | – | 1 | – | – | 4 | – | 2 | – | 8 |
| b) Wetterungen und Hauptgräben im Vorland | – | – | – | 2 | – | – | 7 | – | 7 | 1 | 17 |
| c) Stauzonen und Deichknicke | – | – | 5 | 2 | – | – | 7 | – | 4 | 1 | 19 |
| d) Freies Vorland | 1 | – | 1 | 2 | – | – | 22 | – | 2 | 1 | 29 |
| **Anzahl der Deichbrüche** | 1 | – | 7 | 13 | 10 | 10 | 30 | 1 | 13 | 1 | 86 |

# Hinweise auf mögliche Ansatzpunkte bei Deichbeschädigungen

| | Blätter der Deutschen Grundkarte | | | | | | | | | | |
|---|---|---|---|---|---|---|---|---|---|---|---|
| | Hinterbrack | Cranz | Hasselwerder | Finkenwerder-W. | Vierzigstücken | Francop | Hohenwisch | Moorburg-West | Moorburg-Mitte | Moorburg-Ost | insgesamt |
| **1. Schwache Stellen im Deichaufbau** | | | | | | | | | | | |
| a) Deichmaterial (Schluff, Sand) | – | – | 12 | 10 | – | – | – | – | 3 | – | 25 |
| b) Deichböschung über 30° innen | 15 | 7 | 9 | 9 | 16 | 9 | 38 | 1 | 28 | 4 | 132 |
| b) Deichböschung über 30° außen | 4 | 2 | 7 | 11 | 18 | 8 | 3 | – | – | 6 | 59 |
| c) Sackungen, Senkungen | – | – | – | 1 | 13 | 18 | 3 | 1 | 7 | – | 43 |
| d) Alte Deicherhöhungen (Schalenaufbau) | – | – | 3 | – | – | – | – | – | 1 | – | 4 |
| e) Alte Brüche (Pfosten, Soden, Bracks) | – | – | – | – | 3 | 2 | 3 | – | – | – | 8 |
| f) Wühlschäden | 4 | 2 | 3 | 6 | 5 | 20 | 3 | – | 12 | 11 | 66 |
| **2. Schwache Stellen durch Bauten im und am Deich** | | | | | | | | | | | |
| a) Sielzüge und Schleusen | – | – | – | – | 7 | 15 | 1 | – | 12 | 5 | 40 |
| b) Auf den Deich hinaufführende Treppen, Fuß- und Fahrwege | 14 | 2 | – | 12 | 4 | 12 | 19 | 1 | 18 | 12 | 94 |
| c) Gemauerte Deichdurchlässe (Slöp, Stöpe) | – | – | – | 3 | – | 2 | – | – | – | – | 5 |
| d) Wege auf dem Deich aus Grand, Schlacken oder Steinen | 3 | 3 | 28 | 17 | 2 | 4 | 6 | 1 | 3 | – | 67 |
| e) Kabel, Wasserleitungen, Masten, Pfosten, Bäume | 1 | – | – | 6 | 15 | 29 | 32 | – | 9 | 3 | 95 |
| f) Häuser und Mauern am oder auf dem Deich | 1 | 5 | 4 | 11 | 1 | – | 7 | 1 | 2 | 3 | 35 |
| **3. Exposition des Deiches als Gefahrenquelle** | | | | | | | | | | | |
| a) Elbe | 19 | – | – | 7 | – | – | 3 | – | 8 | 1 | 38 |
| b) Wetterungen und Hauptgräben im Vorland | – | – | 1 | 1 | 2 | 1 | 2 | – | 15 | 1 | 23 |
| c) Stauzonen und Deichknicke | 3 | 7 | 1 | 6 | 1 | – | 8 | – | 5 | 6 | 37 |
| d) Freies Vorland | 16 | 2 | 2 | 9 | – | – | 47 | 3 | 1 | 9 | 89 |
| **4. Überflutung und Überflutungswirkung** | | | | | | | | | | | |
| a) Überflutete Schadensstellen | 17 | 5 | 24 | 45 | 33 | 64 | 93 | 5 | 48 | 21 | 355 |
| b) Erosion | 10 | 3 | 17 | 31 | 20 | 40 | 43 | 1 | 35 | 13 | 213 |
| c) Durchfeuchtung | 8 | 2 | 10 | 20 | 20 | 31 | 48 | 2 | 17 | – | 158 |
| **5. Brandung an der Außenböschung** | 6 | 3 | 3 | 9 | – | 4 | 15 | 3 | 7 | 10 | 60 |
| **Anzahl der Schadensstellen** | 21 | 7 | 33 | 45 | 38 | 70 | 93 | 5 | 48 | 25 | 385 |

# Morphologische Erscheinungen an Deichbrüchen und Deichbeschädigungen

| | Blätter der Deutschen Grundkarte | | | | | | | | | | |
|---|---|---|---|---|---|---|---|---|---|---|---|
| | Hinterbrack | Cranz | Hasselwerder | Finkenwerder-W. | Vierzigstücken | Francop | Hohenwisch | Moorburg-West | Moorburg-Mitte | Moorburg-Ost | insgesamt |
| **1. Morphologische Erscheinungen an Schadensstellen** | | | | | | | | | | | |
| a) Kliff | 3 | – | 1 | – | – | – | 9 | – | 1 | – | 14 |
| b) Auskolkungen und Strudellöcher | 5 | – | 9 | 20 | 9 | 24 | 24 | 1 | 20 | 3 | 115 |
| c) Erosionsrinnen | 5 | 3 | 10 | 17 | 14 | 21 | 21 | 1 | 26 | 13 | 131 |
| d) En-bloc-Rutschungen | 7 | 1 | 13 | 12 | 21 | 30 | 5 | 1 | 9 | – | 99 |
| e) Wandbildung durch en-bloc-Rutschung | 1 | – | 6 | 3 | – | – | 4 | – | – | – | 14 |
| f) Absetzen | 3 | 2 | 3 | 6 | 6 | 11 | 10 | – | 3 | – | 44 |
| g) Rasenabschälen und Rasenbeschädigung | 6 | 3 | 10 | 15 | 5 | 21 | 54 | 4 | 14 | 12 | 144 |
| h) Wulstbildungen | 3 | – | 1 | 12 | 6 | 11 | 19 | 1 | 1 | – | 54 |
| i) Übersandung | – | – | 1 | 2 | – | – | 1 | 1 | 3 | 5 | 13 |
| j) Grobmaterialablagerungen | 2 | – | 1 | – | – | 1 | – | – | – | – | 4 |
| k) Erosionslängsrinne im Deich | – | – | 1 | – | – | 1 | 1 | – | – | – | 3 |
| **2. Morphologische Erscheinungen an Brüchen** | | | | | | | | | | | |
| a) Kolke über 5 m ∅ | 1 | – | 4 | 5 | 10 | 7 | 8 | 1 | 12 | – | 48 |
| b) Strömungsrinnen und -rücken | – | – | 3 | 3 | 1 | 3 | 6 | – | 7 | – | 23 |
| c) Erosionslängsrinne im Deich | – | – | 2 | – | – | – | – | – | – | – | 2 |
| d) Treppung des Bruches | – | – | – | 6 | 1 | 3 | 3 | – | 1 | – | 14 |
| e) Schwemmfächer<br>Feinmaterial < 20 mm | – | – | 3 | 4 | – | 1 | 1 | – | 1 | – | 10 |
| Grobmaterial > 20 mm | – | – | 2 | 6 | 1 | 4 | – | 1 | 4 | 1 | 19 |
| Grobe Blöcke, Mauerbrocken und Automobile > 0.5 m³ | 1 | – | 2 | 3 | 9 | 5 | 5 | – | 7 | – | 32 |
| f) Reduktionskern | – | – | – | 3 | 1 | 4 | – | – | – | – | 8 |
| g) Strudellöcher | – | – | – | 2 | 1 | 3 | 1 | – | – | – | 7 |

Karte 2, Blatt Finkenwerder-West
Schadensstelle Nr.: 37

Aufnahme: Borchert
Datum: 2. 3. 1962

**Abb. 7 Der Grasbehang in den Obstbäumen markiert die Fluthöhe.**

Leichte Brandungsschäden. Die Brandung setzt häufig an der Übergangsstelle vom Rasen zur Steinbefestigung an. Im Rasen selbst treten dabei auch Zerstörungen in Form kleiner Strudellöcher auf.

Karte 4, Blatt Hohenwisch
Schadensstelle Nr.: 65

Aufnahme: Kolb
Datum: 27. 2. 1962

**Abb. 8 Teilbruch mit Rest der Außenböschung.**

Bei Teilbrüchen bleibt im Außenteil häufig ein halbkreisförmiger Rest des Deiches stehen. In Stufen oder Treppen fällt dann die Oberfläche der Bruchstelle zu dem innen gelegenen Kolk ab.

Karte 2, Blatt Finkenwerder-West
Schadensstelle Nr.: 9

Aufnahme: Borchert
Datum: 28. 2. 1962

Abb. 9 **Teilbrüche von der Innenseite.**

Durch die Deichlücke hindurch ist in den Obstbäumen im Vorland die Wasserstandslinie zu erkennen. Im Vordergrund rechts liegt eine vom überfließenden Wasser fortgerissene Slöp-Mauer.

Karte 4, Blatt Hohenwisch
Schadensstelle Nr.: 67

Aufnahme: Schröder-Lanz
Datum: 27. 2. 1962

Abb. 10 **Teilbruch von der Deichinnenseite.**

Deutlich sind im Hintergrund der halbkreisförmige Deichrest, der getreppte Abfall zum Kolk, der Kolk und vorne links die Übersandung zu erkennen.

Karte 4, Blatt Hohenwisch
Schadensstelle Nr.: 59

Aufnahme: Schröder-Lanz
Datum: 27. 2. 1962

**Abb. 11 Torf- und Kleibrocken auf einem Schwemmfächer.**

Teilweise sind die Kolke hinter den Brüchen so stark eingetieft, daß sie durch die Marschablagerungen in die postglazial entstandenen Torfe und teilweise sogar in die spätglazialen Schmelzwassersande hinabreichten.

Karte 2, Blatt Finkenwerder-West
Schadensstelle Nr.: 17

Aufnahme: Borchert
Datum: 1. 3. 1962

**Abb. 12 Erosionstreppe in einem Teilbruch.**

Karte 2, Blatt Hasselwerder Aufnahme: Borchert
Schadensstelle Nr.: 16–19 Datum: 1. 3. 1962

**Abb. 13 Längsrinne auf der Deichinnenböschung.**

Das über die Krone stürzende Wasser erodierte eine Längsrinne direkt hinter der Deichkrone aus. Im Hintergrund die Kirche von Neuenfelde.

Karte 4, Blatt Hohenwisch Aufnahme: Schröder-Lanz
Schadensstelle Nr.: 68 Datum: 27. 2. 1962

**Abb. 14 Totalbruch von der Außenseite.**

Der für Teilbrüche charakteristische halbkreisförmige Deichrest fehlt. Das ganze Deichprofil ist sichtbar. Vor dem Deichbruch liegen die z. T. umgebrochenen Obstbäume in der Strömungsrichtung des Wassers.

Karte 2, Blatt Hasselwerder
Schadensstelle Nr.: 32

Aufnahme: Borchert
Datum: 2. 3. 1962

Abb. 15 **Schalenaufbau des Deichkernes.**

Das Bild zeigt einen Totalbruch mit nach innen anschließendem Kolk. An der gegenüberliegenden Bruchwand hebt sich der alte Kern durch seine dunkle Färbung deutlich gegen den helleren oberen Teil ab (siehe Pfeil a). Der helle Teil ist durch eine weitere Schale untergliedert, die im Bild nur undeutllich bei Pfeil b zu erkennen ist. Bei c liegt das Ende eines abgerissenen Kabels. Bei der dunklen Zone, auf der das Kabel liegt, handelt es sich nicht um den Reduktionskern, sondern um einen infolge des inzwischen abgesunkenen Wasserstandes bedingten Durchfeuchtungsunterschied.

Karte 3, Blatt Francop

Aufnahme: Wurster

Abb. 16 **Altes Brack bei Francop.**

Aufnahme: Wurster

Abb. 17 **Rasenabschälen und kleine Erosionsrinnen.**

Das überfließende Wasser hatte erosiv die Innenböschung angenagt.

Karte 4, Blatt Hohenwisch
Schadensstelle Nr.: 70

Aufnahme: Kolb
Datum: 28. 3. 1962

Abb. 18 **Rasenabsetzen.**

Karte 2, Blatt Hasselwerder
Schadensstelle Nr.: 30

Aufnahme: Borchert
Datum: 2. 3. 1962

Abb. 19 **En-bloc-Rutschung mit Wulstbildung.**
Rechts oben ist der Beginn der Rutschung in Form des Absetzens deutlich erkennbar.

Aufnahme: Kolb
Datum: 1. 3. 1962

Abb. 20 **En-bloc-Rutschung mit Wulstbildung.**
Das abgerutschte Material wird mit Planierraupen auf den Deich zurückgeschoben.

Karte 2, Blatt Finkenwerder-West
Schadensstelle Nr.: 15

Aufnahme: Wurster

Abb. 21 **En-bloc-Rutschung mit nachfolgender Erosion.**

Karte 2, Blatt Finkenwerder-West
Schadensstelle Nr.: 42

Aufnahme: Borchert
Datum: 2. 3. 1962

Abb. 22 **Strudellöcher am Innenfuß des Deiches.**

Im Hintergrund die Insel Finkenwerder und auf der Süderelbe der Bagger, der den neuen Deich zur Abdämmung der Alten Süderelbe aufspült.

Aufnahme: Kolb
Datum: 1. 3. 1962

Abb. 23 **Erosionskolk.**

Das überströmende Wasser strudelte zunächst einen Kolk aus. Dann wurde die Beschädigung durch die rückschreitende Erosion bis an die Deichkrone erweitert. Das freistehende Deichprofil zeigt eine Steinlage bei a und den Schichtenaufbau bei b.

Karte 4, Blatt Hohenwisch
Schadensstelle Nr.: 40

Aufnahme: Wurster

Abb. 24 **Erosionskolk mit freigespültem Baum.**

Karte 4, Blatt Hohenwisch
Schadensstelle Nr.: 2

Aufnahme: Wurster

Abb. 25 **Erosionskolk, daneben Erosionsrinne.**

Karte 2, Blatt Finkenwerder-West
Schadensstelle Nr.: 55

Aufnahme: Borchert
Datum: 1. 3. 1962

Abb. 26 **Erosionsrinne.**

Zwischen zwei Wegen, die von links und rechts kommend durch ein Slöp (Stöpe) ins Vorland führen, hat das überfließende Wasser eine Erosionsrinne geschaffen.

Karte 1,
Blatt Hinterbrack
Schadensstelle Nr.: 21

Aufnahme: Schröder - Lanz
Datum: 8. 3. 1962

Abb. 27 **Kliffbildung.**

Hier, wo der Nordwind auf der 2 – 3 km breiten Elbe zwischen Blankenese und Cranz stärkere Wellen erzeugte, ist durch die Brandung ein Kliff entstanden. Der Brandungsschaden setzte am Übergang zwischen Steinschutz und Grasnarbe an.

Karte 2, Blatt Hasselwerder
Schadensstelle Nr.: 38

Aufnahme: Borchert
Datum: 5. 3. 1962

Abb. 28 **Loch im Deich mit kleinem Schwemmfächer.**

An der Innenseite des nicht überfluteten Deiches schoß während der Flut ein armdicker Wasserstrahl heraus. Das mitgerissene Deichmaterial lagerte sich in einem kleinen Schwemmkegel ab. Ein Eintrittsloch auf der Deichaußenseite konnte nicht festgestellt werden.

Karte 4, Blatt Hohenwisch
Schadensstelle Nr.: 68

Datum: 27. 2. 1962
Aufnahme: Borchert

Abb. 29 **Torfbrocken auf dem Schwemmfächer bei Hohenwisch.**

Die Strömung bei diesem Totalbruch war so stark, daß bei der Auskolkung zahlreiche, mehrere Kubikmeter große Torfbrocken herausgerissen und in etwa 500 m Entfernung, vor dem Hinterdeich, abgelagert wurden.

Karte 4, Blatt Hohenwisch
Schadensstelle Nr.: 68

Aufnahme: Wurster

Abb. 30 **Großrippeln und Torfbrocken auf dem Schwemmfächer bei Hohenwisch.**

Karte 4, Blatt Hohenwisch
Schadensstelle Nr.: 68

Aufnahme: Wurster

Abb. 31 **Fortgeschwemmte und eingesandete Autos auf dem Schwemmfächer bei Hohenwisch.**

Karte 2, Blatt Hasselwerder
Schadensstelle Nr.: 31

Aufnahme: Borchert
Datum: 2. 3. 1962

Abb. 32 **Schwemmfächermaterial.**

Karte 4, Blatt Hohenwisch
Schadensstelle Nr.: 77, 78

Aufnahme: Kolb

Abb. 33 **Beschädigte Innenseite des Sommerdeiches.**

Die Schäden entstanden nach dem Bruch des Winterdeiches durch den dadurch ausgelösten Sog. Die Schadensstellen sind durch Sandsackauflagen ausgebessert.

Karte 2, Blatt Hasselwerder
Schadensstelle Nr.: 20

Aufnahme: Borchert
Datum: 1. 3. 1962

Abb. 34 **Zerstörter Gehweg auf der Deichkrone.**

Karte 2, Blatt Finkenwerder-West
Schadensstelle Nr.: 1

Aufnahme: Borchert
Datum: 28. 2. 1962

Abb. 35 **Zerstörte Treppe.**

Die erosive Zerstörung durch das Wasser setzt sehr häufig an Wegen und Treppen an, die auf den Deich hinaufführen.

Karte 2, Blatt Finkenwerder-West
Schadensstelle Nr.: 24

Aufnahme: Borchert
Datum: 1. 3. 1962

Abb. 36 **Löcher durch vermoderte Pfähle.**

1825 eingerammte und inzwischen vermoderte Pfähle verursachten Löcher auf dem Boden eines Teilbruches.

Karte 2, Blatt Hasselwerder
Schadensstelle Nr.: 6, 7

Aufnahme: Kolb
Datum: 8. 3. 1962

Abb. 37 **Strudellöcher an Bäumen ansetzend.**

Teilweise sind die Bäume von der Wucht des Wassers ausgerissen. Auf dem Deich ist der Schlackenweg ausgespült. An der Rasenkante haben Erosionsfurchen angesetzt.

Karte 2, Blatt Finkenwerder-West
Schadensstelle Nr.: 17

Aufnahme: Kolb
Datum: 8. 3. 1962

Abb. 38 **Teilbruch mit Außenböschungsrest.**

Flachwurzelnde Bäume schieben ihre Wurzeln den Deich hinauf. Diese Erscheinung wurde an vielen Schadensstellen beobachtet. Im Hintergrund die Kirche von Neuenfelde.

Karte 5, Blatt Moorburg-Mitte
Schadensstelle Nr.: 39

Aufnahme: Wurster

Abb. 39 **Der Deich als Fahrweg.**

Durch die Belastung wurde der Klei verdichtet. Die lockere Böschung ist durch Scherflächen gegen den Kern abgesetzt. An diesen Scherflächen hat die Erosion angesetzt.

Karte 5, Blatt Moorburg-Mitte
Schadensstelle Nr.: 26

Aufnahme: Schröder-Lanz
Datum: 6. 3. 1962

Abb. 40 **Wandbildung und Schichtenaufbau.**

Das überfließende Wasser hatte den Rasen abgeschält und eine Längsrinne geschaffen. Durch Abbrechen des Deichmaterials entstand eine Wand. Die Wandhöhe betrug 1,3 m. Deutlich erkennbar sind Kabel und Schichtung im Deich.

Karte 2, Blatt Hasselwerder
Schadensstelle Nr.: 39

Aufnahme: Borchert
Datum: 5. 3. 1962

Abb. 41 **Schichtenaufbau mit heller Sandlage im Deich** (siehe Pfeil).

Karte 2, Blatt Finkenwerder-West
Schadensstelle Nr.: 40

Aufnahme: Borchert
Datum: 2. 3. 1962

Abb. 42 **Brandungsschaden.**

An der Übergangsstelle vom Rasen zum Betonschutz setzte die Brandung an und unterspülte die harte Betonschicht. Überhängende Teile stürzten ein.

Karte 2, Blatt Finkenwerder-West
Schadensstelle Nr.: 19

Aufnahme: Borchert
Datum: 1. 3. 1962

Abb. 43 **Wühltiergänge im Deich.**

Karte 2, Blatt Hasselwerder
Schadensstelle Nr.: 4

Aufnahme: Borchert
Datum: 1. 3. 1962

Abb. 44 **Altes Sodengefüge in einem Teilbruch.**

Die Soden wurden zur Schließung eines früheren Teilbruches verwendet und nunmehr durch die Erosion wieder freigelegt.

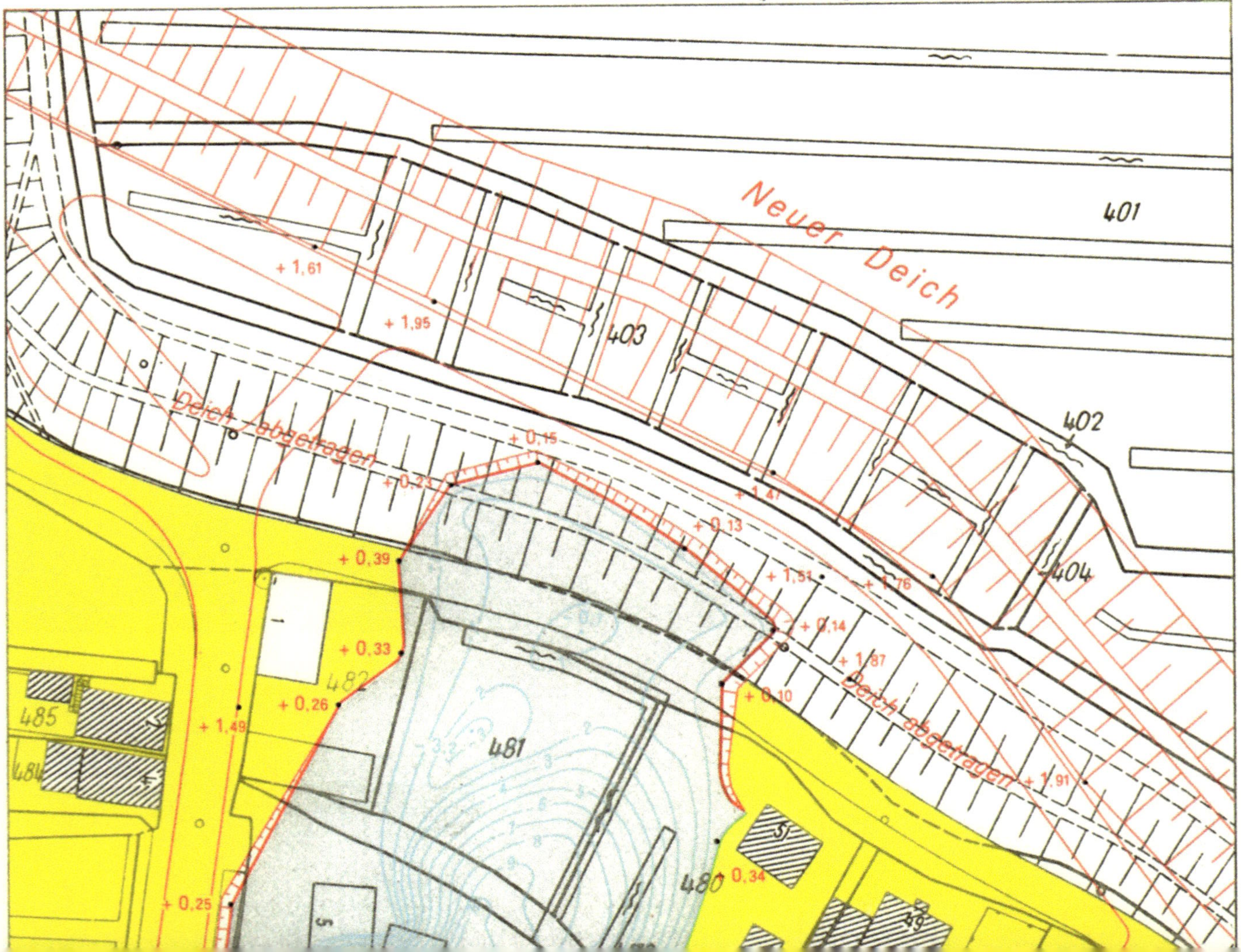
Neuer Deich
401
402
403
404
Deich abgetragen
Deich abgetragen
481
482
480
485
484
+ 1,61
+ 1,95
+ 0,15
+ 0,23
+ 1,47
+ 0,13
+ 1,51
+ 1,76
+ 0,14
+ 1,87
+ 0,10
+ 1,91
+ 0,39
+ 0,33
+ 0,26
+ 1,49
+ 0,25
+ 0,34

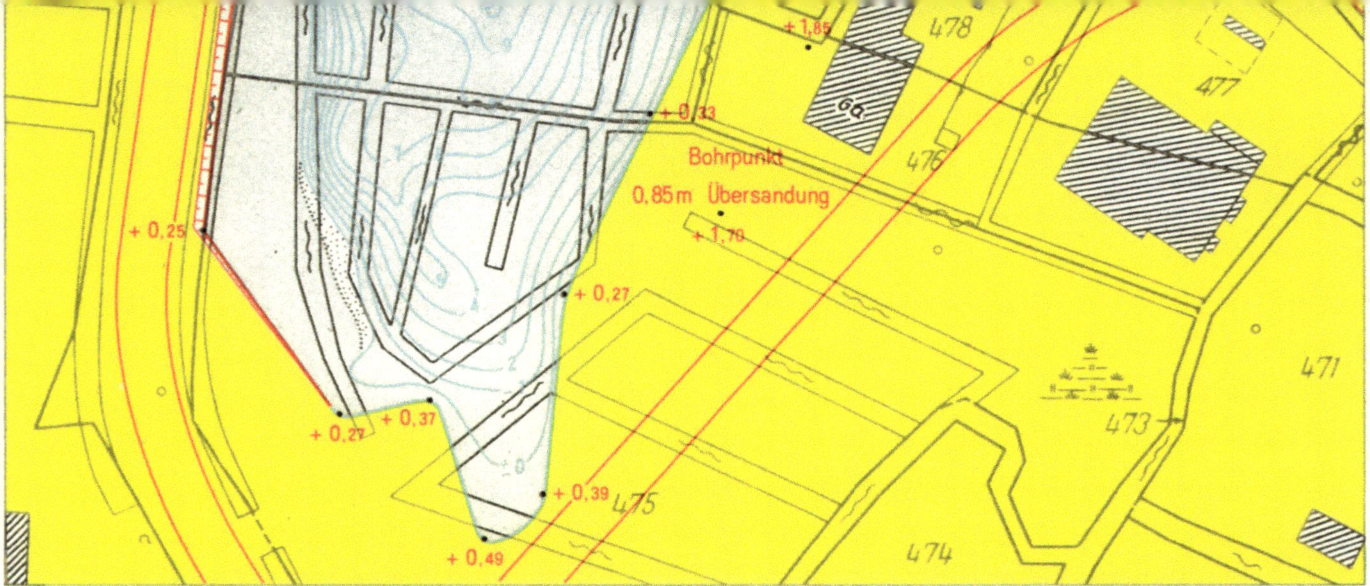


*Ausschnitt aus der Katasterkarte 1 : 1000 mit Genehmigung des Vermessungsamts der Baubehörde Hamburg*

## Tiefenkarte des Bracks am Grundbruch Hohenwisch

1 : 1000

Tiefenlinien nach Lotung, Zahlen bezogen auf NN, Aufnahme vom 24. 3. 1962

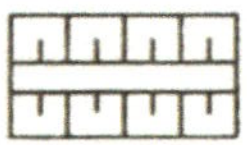

*Grundriß vor der Sturmflut*

*Schwemmfächer*

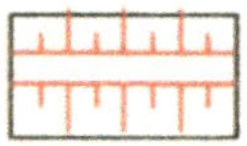

*Neuer Grundriß durch Erdbauten nach der Sturmflut*

*Brack der Sturmflut am 17. 2. 1962*

Aufgenommen vom Institut für Geographie und Wirtschaftsgeographie der Universität Hamburg

Offsetdruck: Vermessungsamt der Baubehörde. (1962)

Alter
Neuer Deich
Deich

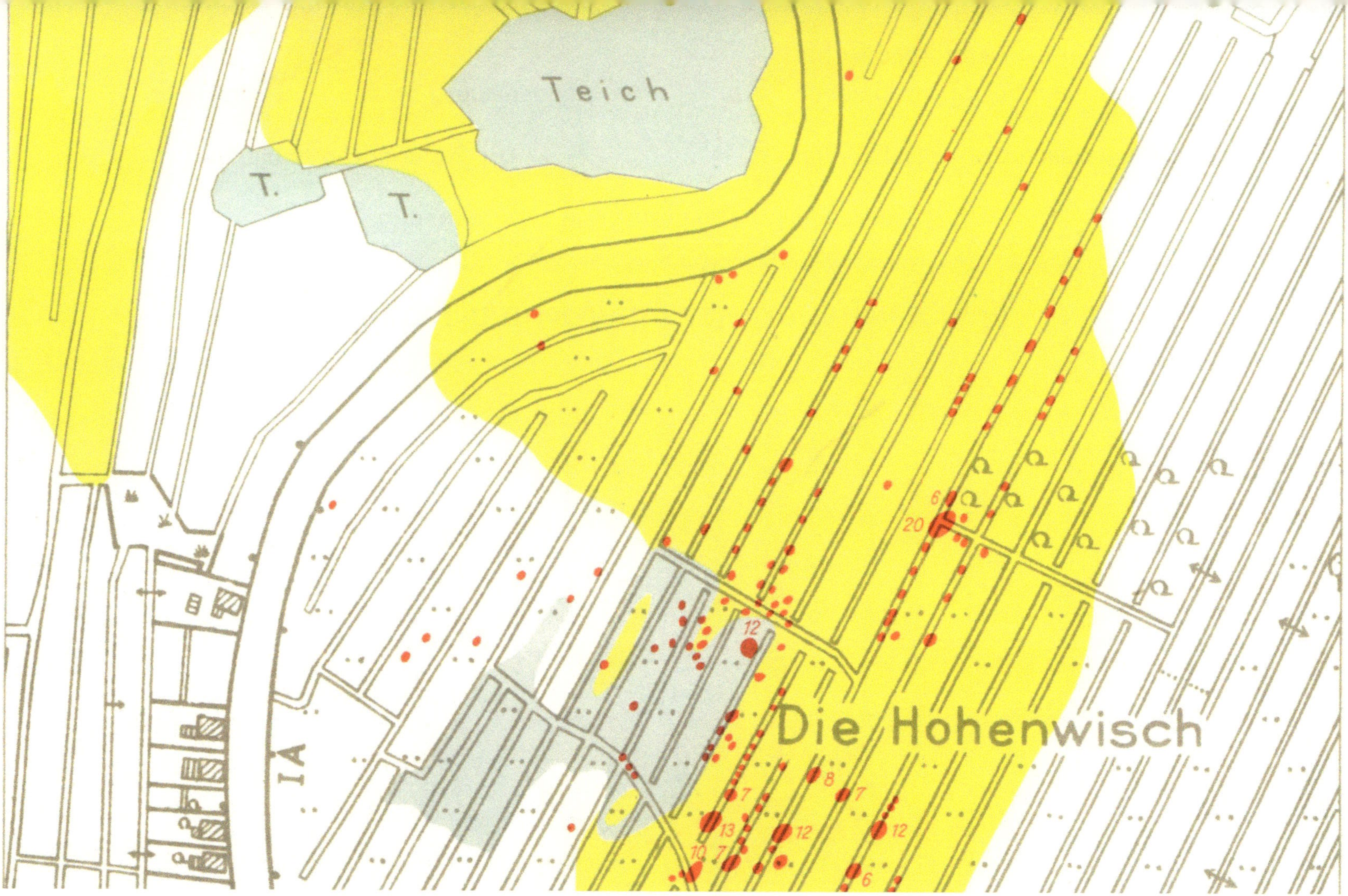
Teich
T.
T.
Die Hohenwisch
IA

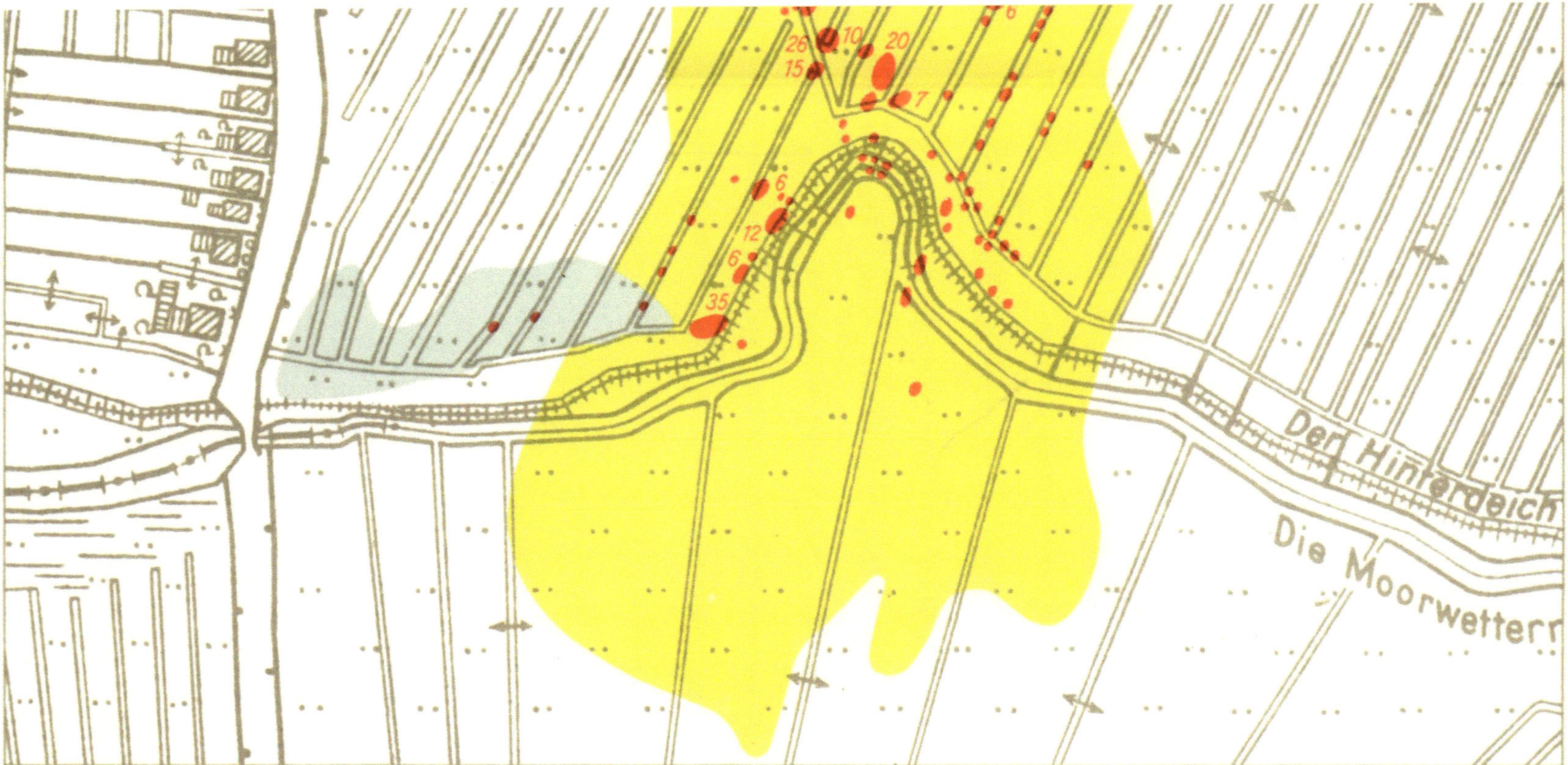


# Schwemmfächer am Grundbruch Hohenwisch M. 1: 2500

Aufgenommen vom Institut für Geographie und Wirtschaftsgeographie der Universität Hamburg

—— Situation nach der Sturmflut am 17. Februar 1962

Tiefenlinie, bezogen auf NN

Ausdehnung des Schwemmfächers

abgelagerte Torfbrocken bis 5 m³ Inhalt

abgelagerte Torfbrocken über 5 m³ mit Angabe des Inhalts

# Sturmflut 17

## Morphologische Karte der

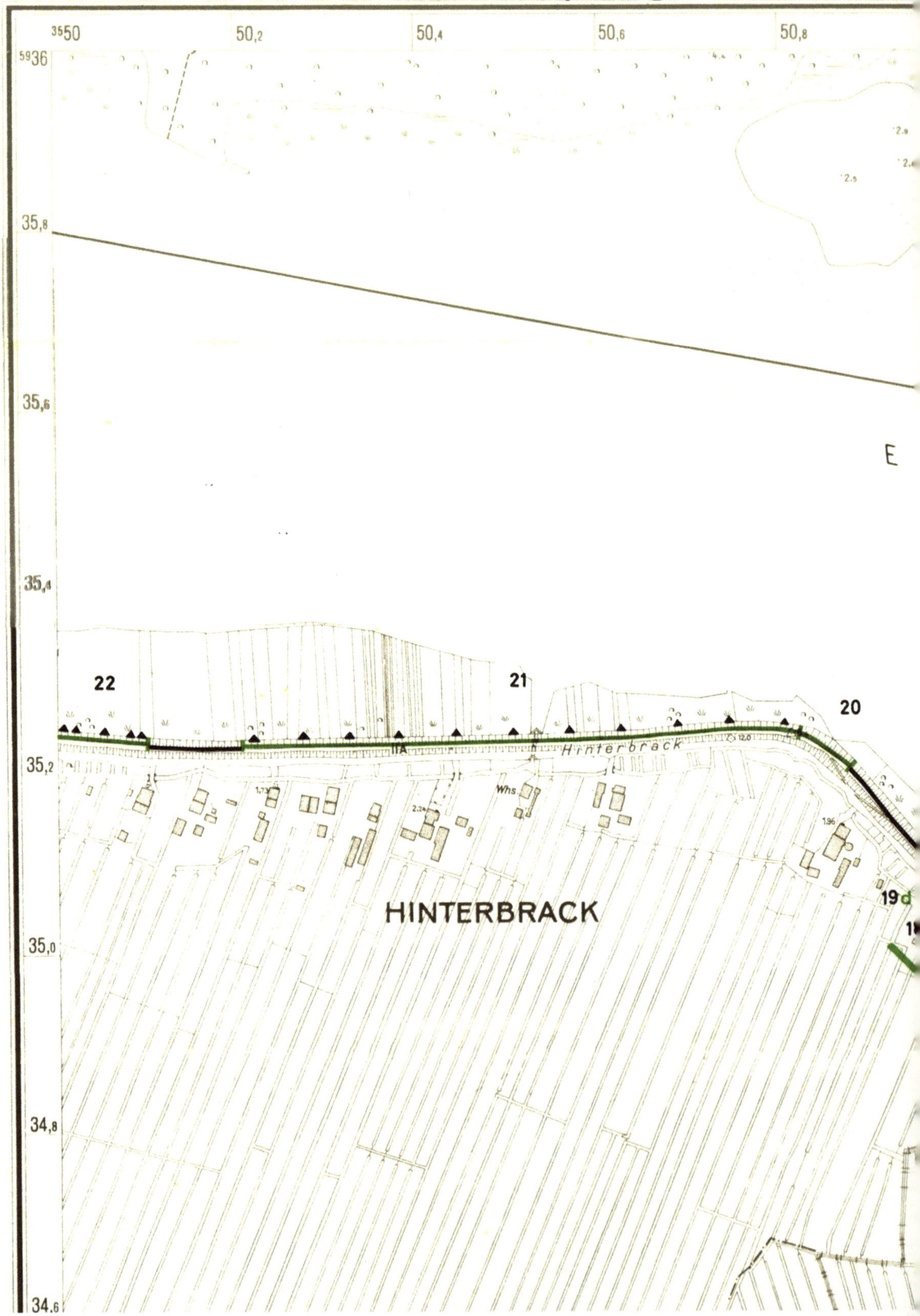

ebruar 1962

- und Flurbeschädigungen

34,4
34,2
5934
33,8
53° 32'
33,6
33,4
33,2

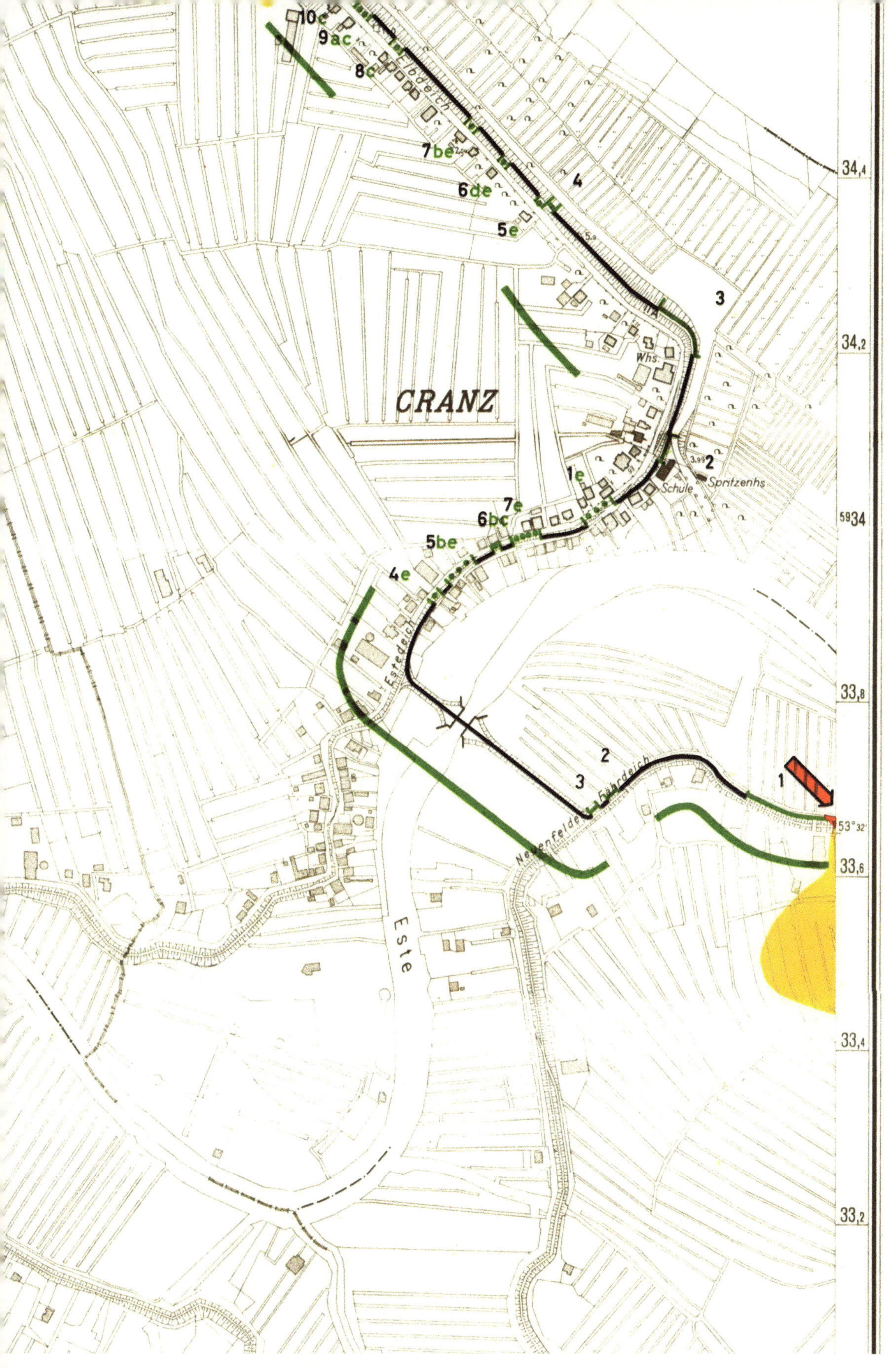

CRANZ
Elbdeich
Estedeich
Neuenfelder Fährdeich
Este
Whs.
Schule
Spritzenhs
10c
9ac
8c
7be
6de
5e
4
3
2
1A
1e
7e
6bc
5be
4e
2
3
1
53°32'
34,4
34,2
5934
33,8
33,6
33,4
33,2

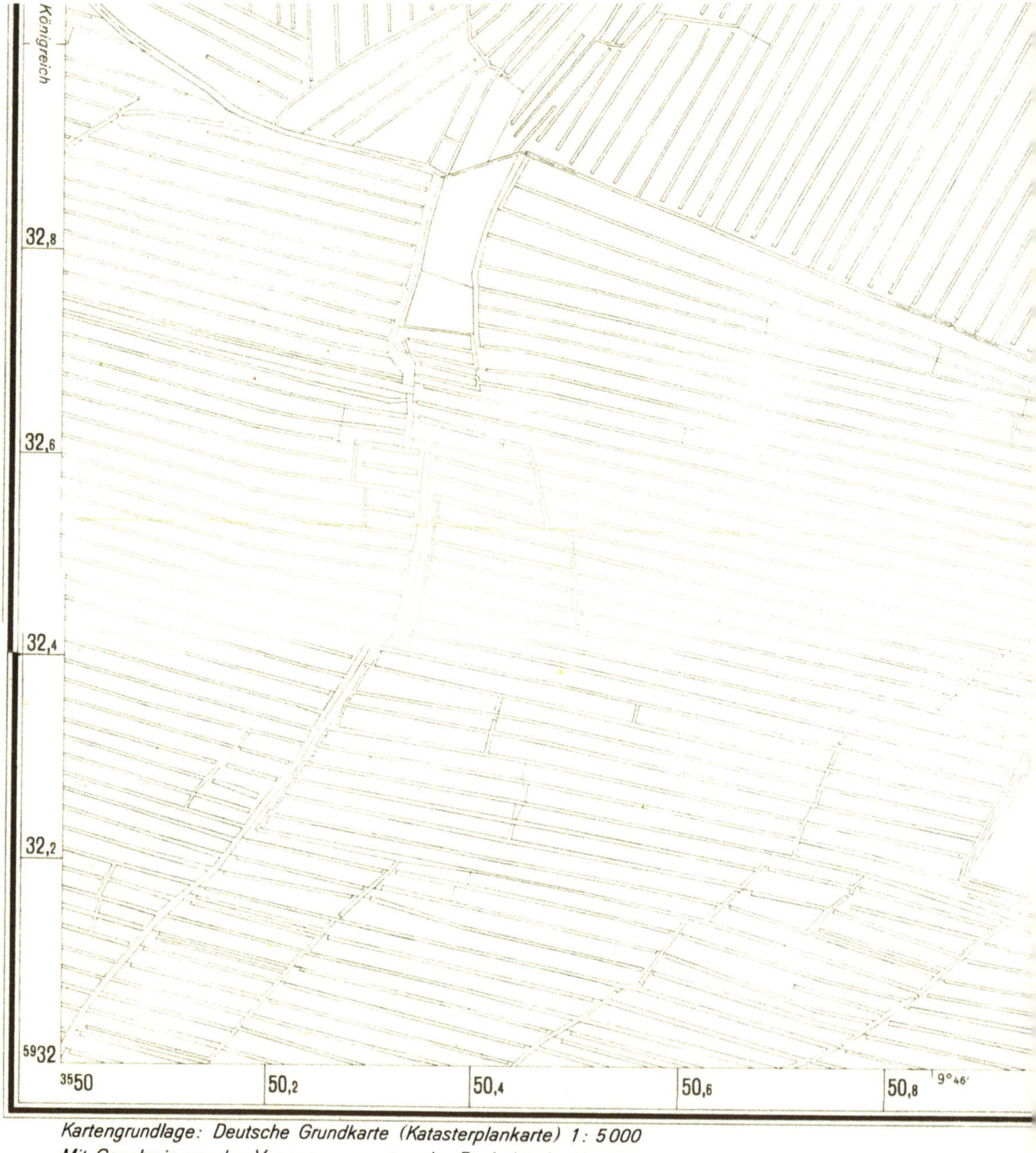


*Kartengrundlage: Deutsche Grundkarte (Katasterplankarte) 1 : 5000*
*Mit Genehmigung des Vermessungsamtes der Baubehörde Hamburg vom 2. 4. 1962*

**Aufgenommen vom Institut für Geographie**

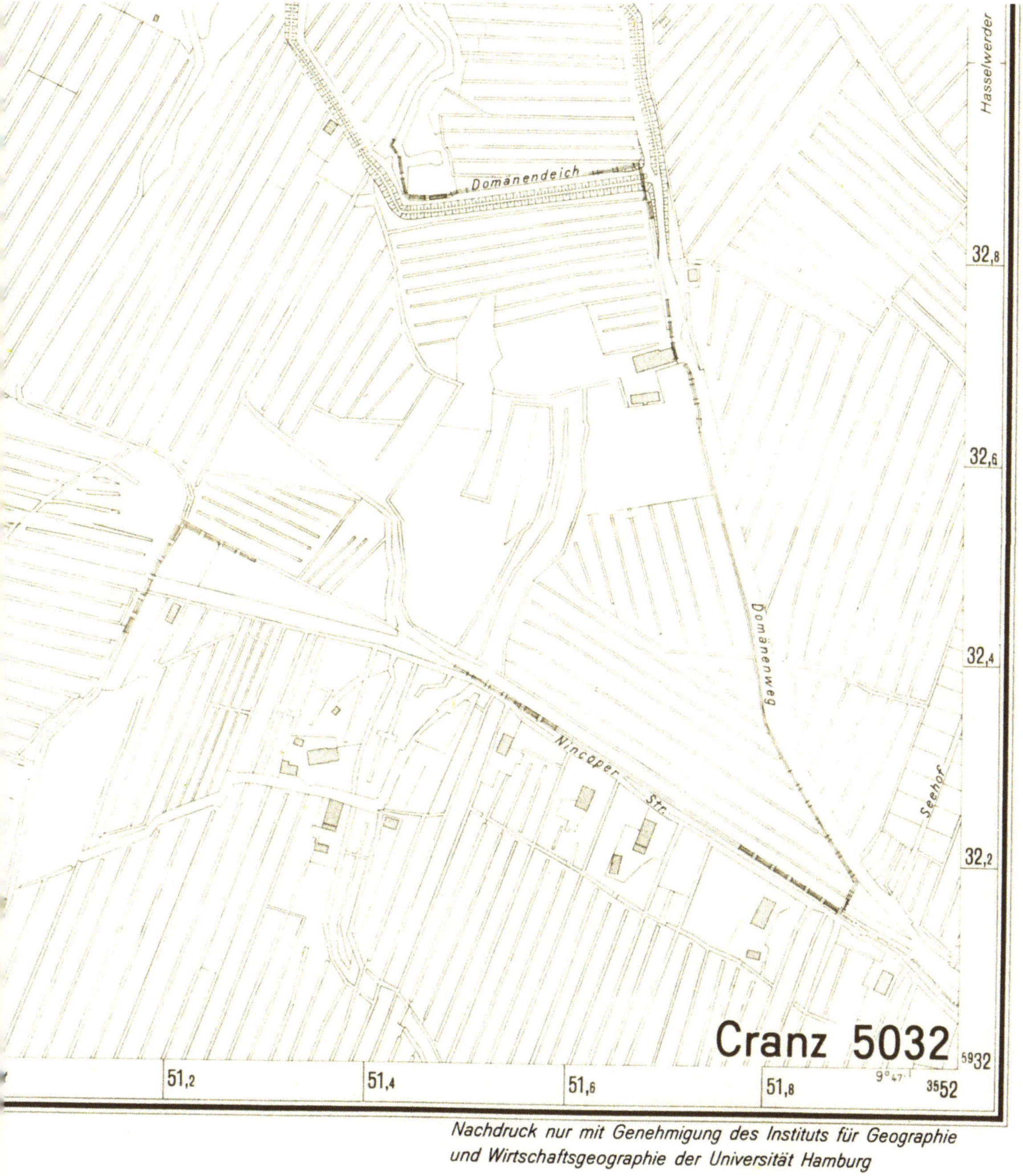




**tschaftsgeographie der Universität Hamburg**

## Zeiche

### Deichbrüche:

*Teilbruch < 5m Breite*

Maßstabsgetreu eingezeichnete Brüche > 5m Breite
(Die Breite der Bruchstelle entspricht der Breite des Pfeiles)

*Teilbruch*

*Totalbruch mit* Kolk

Kolk *< 5m Durchmesser*

Kolk *> 5m Durchmesser*

*Schwemmfächer*

*Torfbrocken*

*Entwurzelte Bäume*

### Deich

a *Rase*

b *Rase*

c *En-br*

d *Erosi*

e *Erosi*

*Bran*

*Bran*

lärung

igungen:

ng

en (Deichaußenseite)

en mit Kliff

Nicht überfluteter Deichabschnitt

Unbeschädigter Deichabschnitt

25 Nummer der Schadensstelle

1 : 5000

100 0 100 200 300 400 500 m

Offsetdruck: Vermessungsamt der Baubehörde. (1962)

Hamburger Geographische Studien Heft 16. Karte 1

# Hasselwerder 5232

Morp
52,8
Böhaken
53,2
53,4
E L
36
35d
38
37bc
34c
33c
Neuenfelder Hafen
Fleetda

Sturmflut 17. Februar 1962

hologische Karte der Deich- und Flurbeschäd

ngen

.4
54,6
54,8
Nienstedtener Strand
39
40de
41
ad
38c
37
42d
43a
36
44e
Alte

# Finkenwerder-West 54

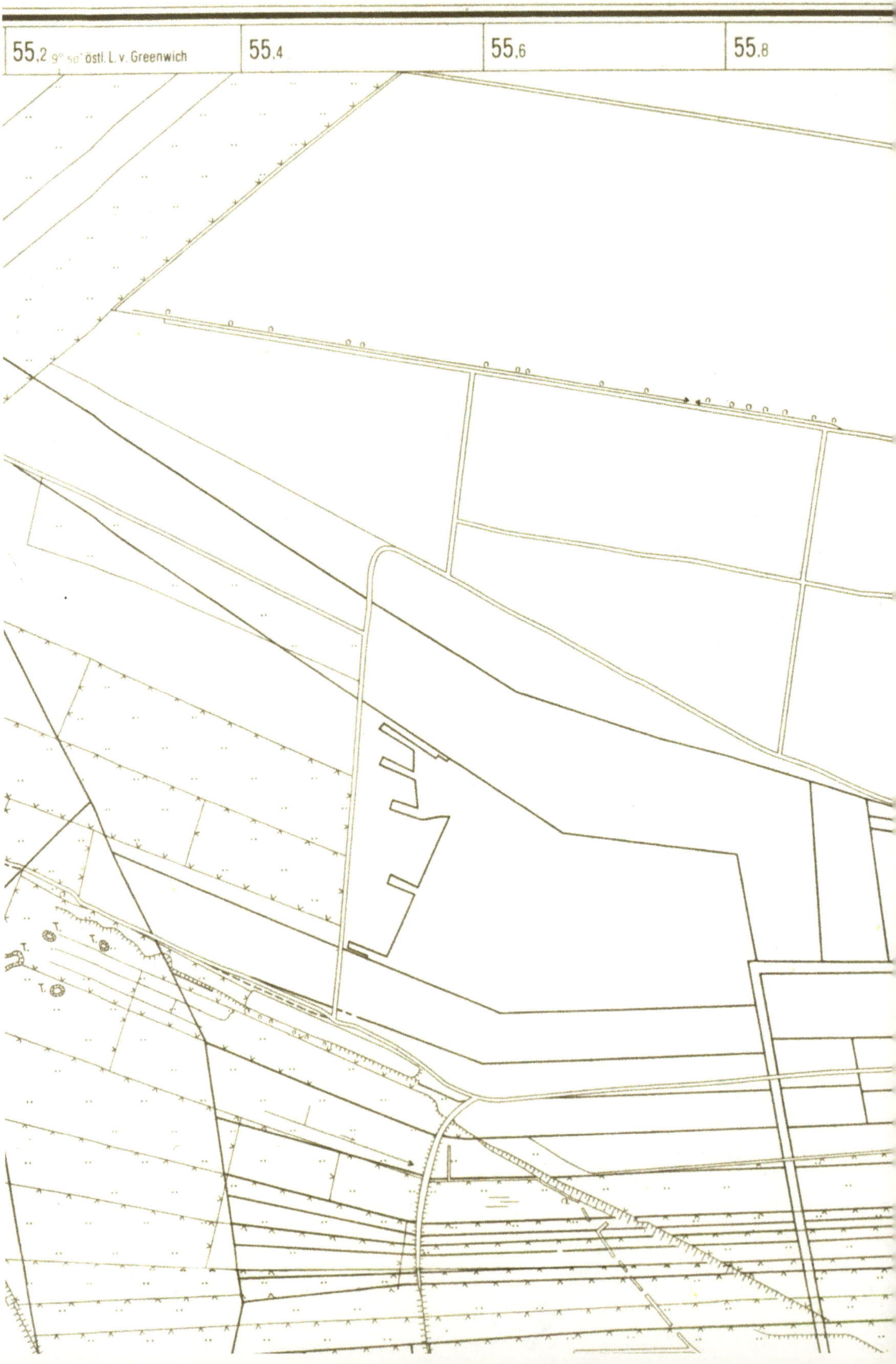

Hamburger Geographische Studien Heft 16. Karte 2

# Zeichenerklärung

## Deichbrüche:

*Teilbruch < 5m Breite*

Maßstabsgetreu eingezeichnete Brüche > 5m Breite
(Die Breite der Bruchstelle entspricht der Breite des Pfeiles)

*Teilbruch*

*Totalbruch mit* Kolk

Kolk *< 5m Durchmesser*

Kolk *> 5m Durchmesser*

*Schwemmfächer*

*Torfbrocken*

*Entwurzelte Bäume*

## Deichbeschädigungen:

a *Rasenabschälen*

59 34

33,8

53° 32'

33,6

33,4

33,2

Finkenwerder-Mitte

*Kartengrundlage: Deutsche Grundkarte (Katasterplankarte) 1: 5000*
*Mit Genehmigung des Vermessungsamtes der Baubehörde Hamburg vom 2. 4. 1962*

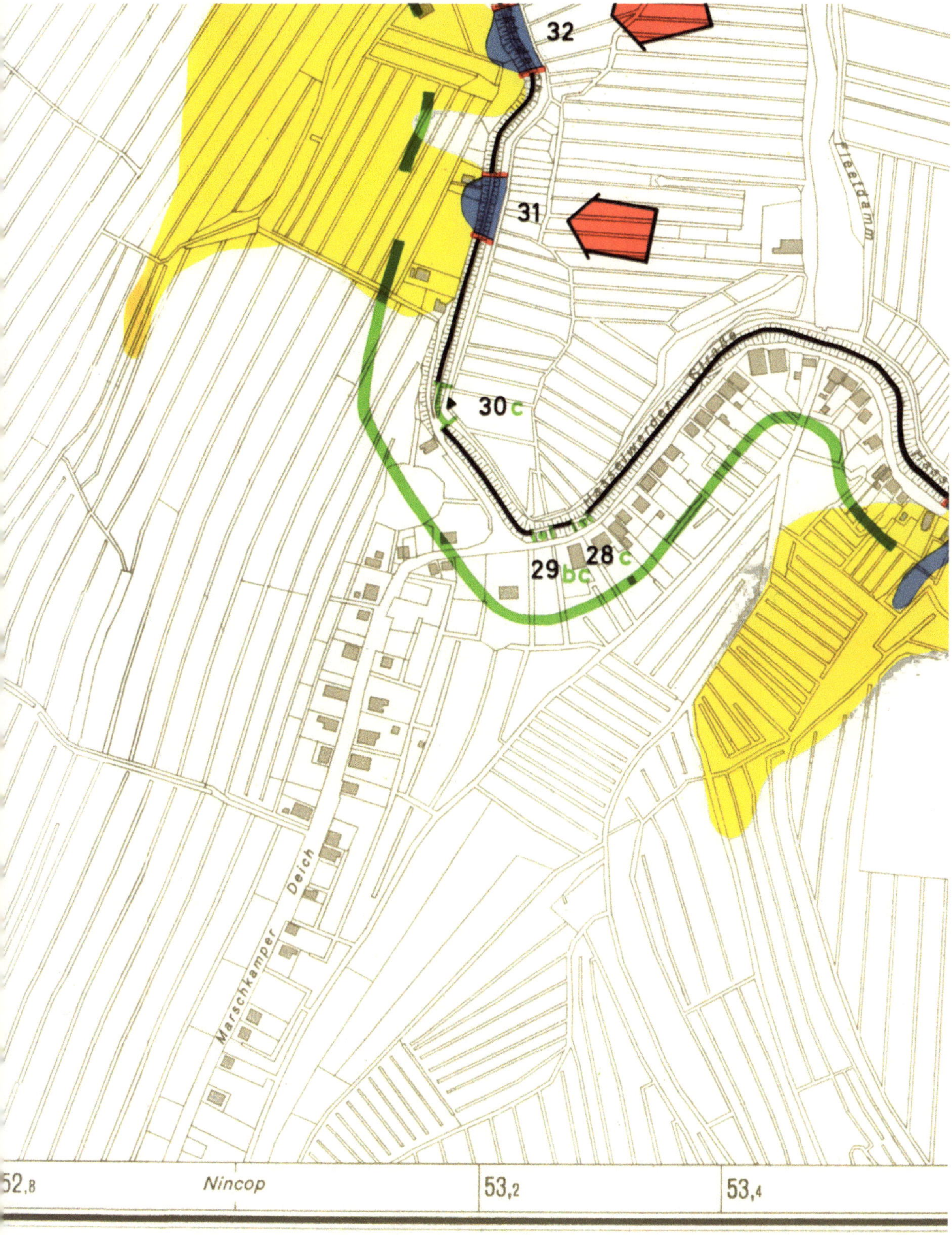
32
31
30 c
29 bc
28 c
Fleetdamm
Hasselwerder Straße
Marschkamper Deich
Nincop
52,8
53,2
53,4

Aufgenomm

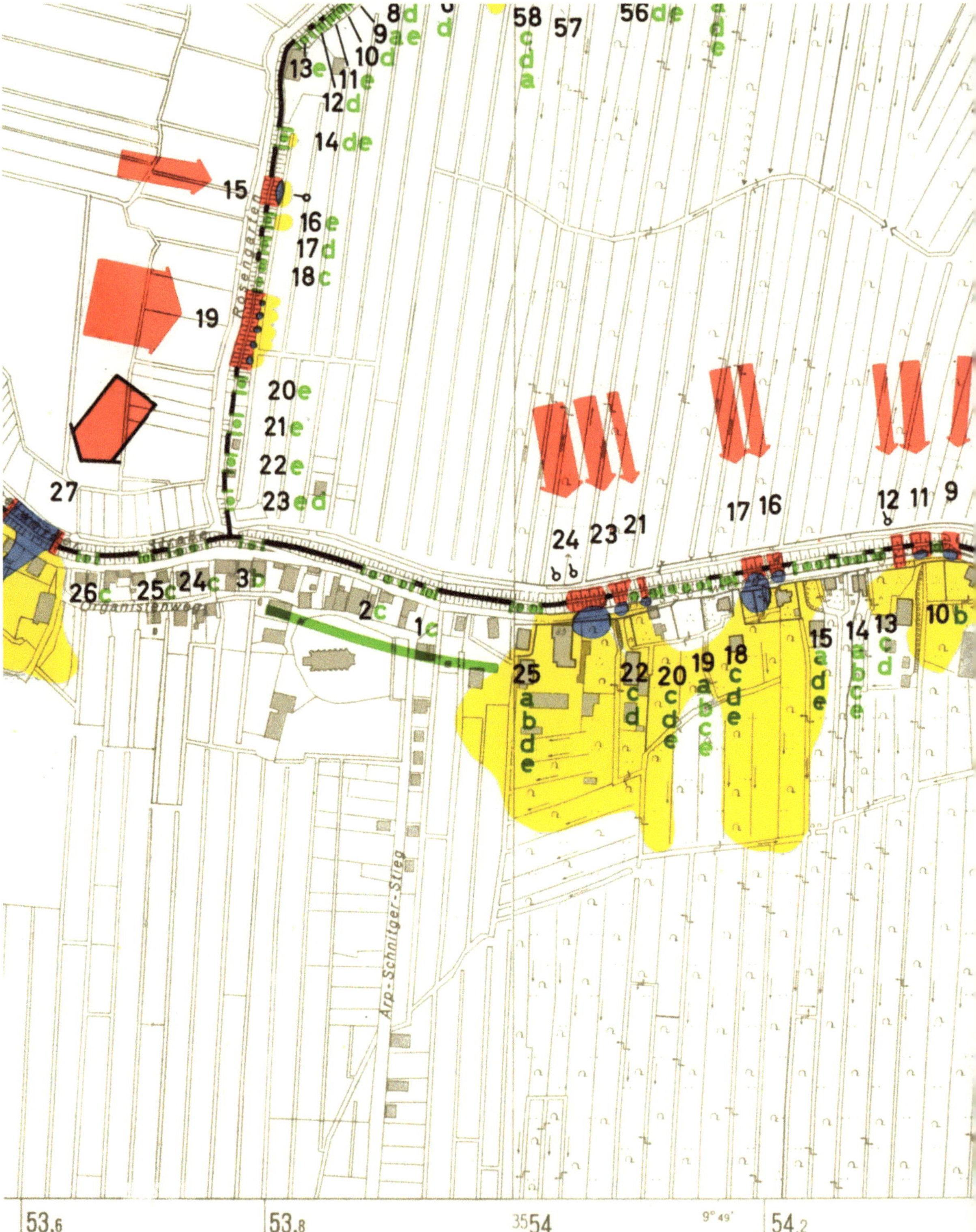


hen vom Institut für Geographie und Wirtschaftsgeographie der Univer

35
34d
33d
31d
32
30
28e
29
27e
26e
7c
6be
5c
4ce
3a
2c
1d
Süderelbe
Zgl
54,6
54,8
Vierzigstücken
55


Hamburg

55,2
9° 50'
55,4
55,6
55,8

b *Rasenabsetzen*

c *En-bloc-Rutschung*

d *Erosionskolk*

e *Erosionsrinne*

*Brandungsschaden* (Deichaußenseite)

*Brandungsschaden mit Kliff*

Nicht überfluteter Deichabschnitt

Unbeschädigter Deichabschnitt

**25** Nummer der Schadensstelle

**1 : 5000**

100 0 100 200 300 400 500 m

Offsetdruck: Vermessungsamt der Baubehörde. (1962)

32,8

32,6

32,4

32,2

5932

# Vierzigstücken 5430

Morph

54,8
Finkenwerder-West
55,2
9°50' östl. L. v. Gr.
55,4
42d
45
d
e
44
e
46e
43d
47de
48ade
41e
40e
39d
38
e
37
e
5a
6
7c
8ac
Vierzigstücken
9c
10ac
11ac
12cb
13cb
14
16
15c
17
19
20
22
c
18ce
21c
23

# Sturmflut 17. Februar 1962

## ologische Karte der Deich- und Flurbeschädig

en

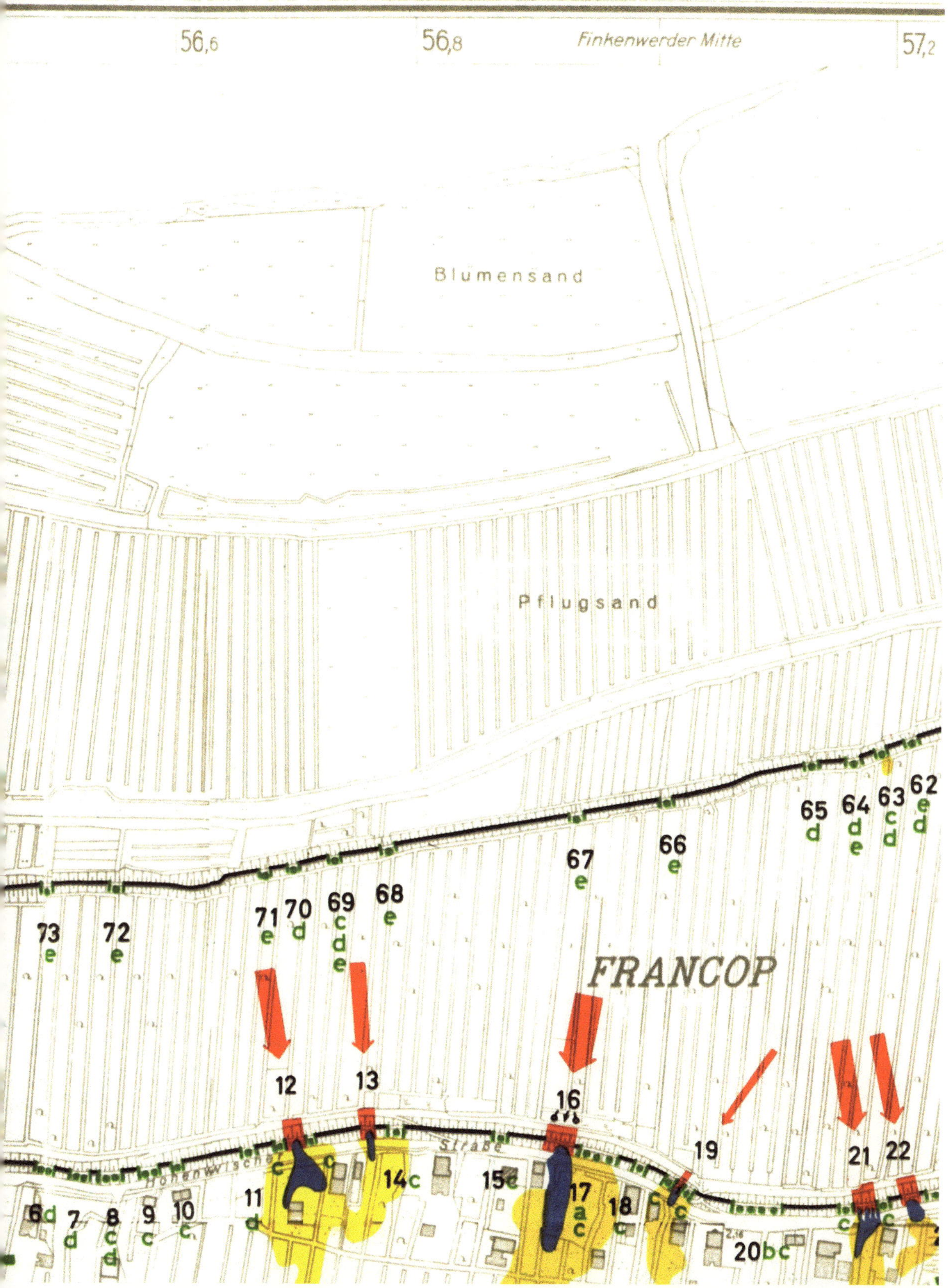

56,6
56,8
Finkenwerder Mitte
57,2
Blumensand
Pflugsand
FRANCOP
Hohenwischer Straße
73 e
72 e
71 e
70 d
69 c d e
68 e
67 e
66 e
65 d
64 d e
63 c d
62 e d
12
13
16
19
21
22
6 d
7 d
8 c d
9 c
10 c
11 d
14 c
15 c
17 a c
18 c
20 bc

# Francop 56

57,4
9°|52' östl.L.v.Greenwich
57,6
57,8
Blumensand
Worth
Hohenwischer Straße

Hamburger Geographische Studien Heft 16. Karte 3

# Zeichenerklärung

## Deichbrüche:

*Teilbruch < 5m Breite*

Maßstabsgetreu eingezeichnete Brüche > 5m Breite
(Die Breite der Bruchstelle entspricht der Breite des Pfeiles)

*Teilbruch*

*Totalbruch mit Kolk*

*Kolk < 5m Durchmesser*

*Kolk > 5m Durchmesser*

*Schwemmfächer*

*Torfbrocken*

*Entwurzelte Bäume*

## Deichbeschädigungen:

*Kartengrundlage: Deutsche Grundkarte (Katasterplankarte) 1 : 5000*

*Mit Genehmigung des Vermessungsamtes der Baubehörde Hamburg vom 2. 4. 1962*

Aufgenommen

vom Institut für Geographie und Wirtschaftsgeographie der Universität

urg

57,4
57,6
57,8

a *Rasenabschälen*

b *Rasenabsetzen*

c *En-bloc-Rutschung*

d *Erosionskolk*

e *Erosionsrinne*

*Brandungsschaden* (Deichaußenseite)

*Brandungsschaden mit Kliff*

**Nicht überfluteter Deichabschnitt**

**Unbeschädigter Deichabschnitt**

**25** Nummer der Schadensstelle

**1 : 5000**

100 0 100 200 300 400 500 m

Offsetdruck: Vermessungsamt der Baubehörde. (1962)

## Sturmflut 17.

### Morphologische Karte der D

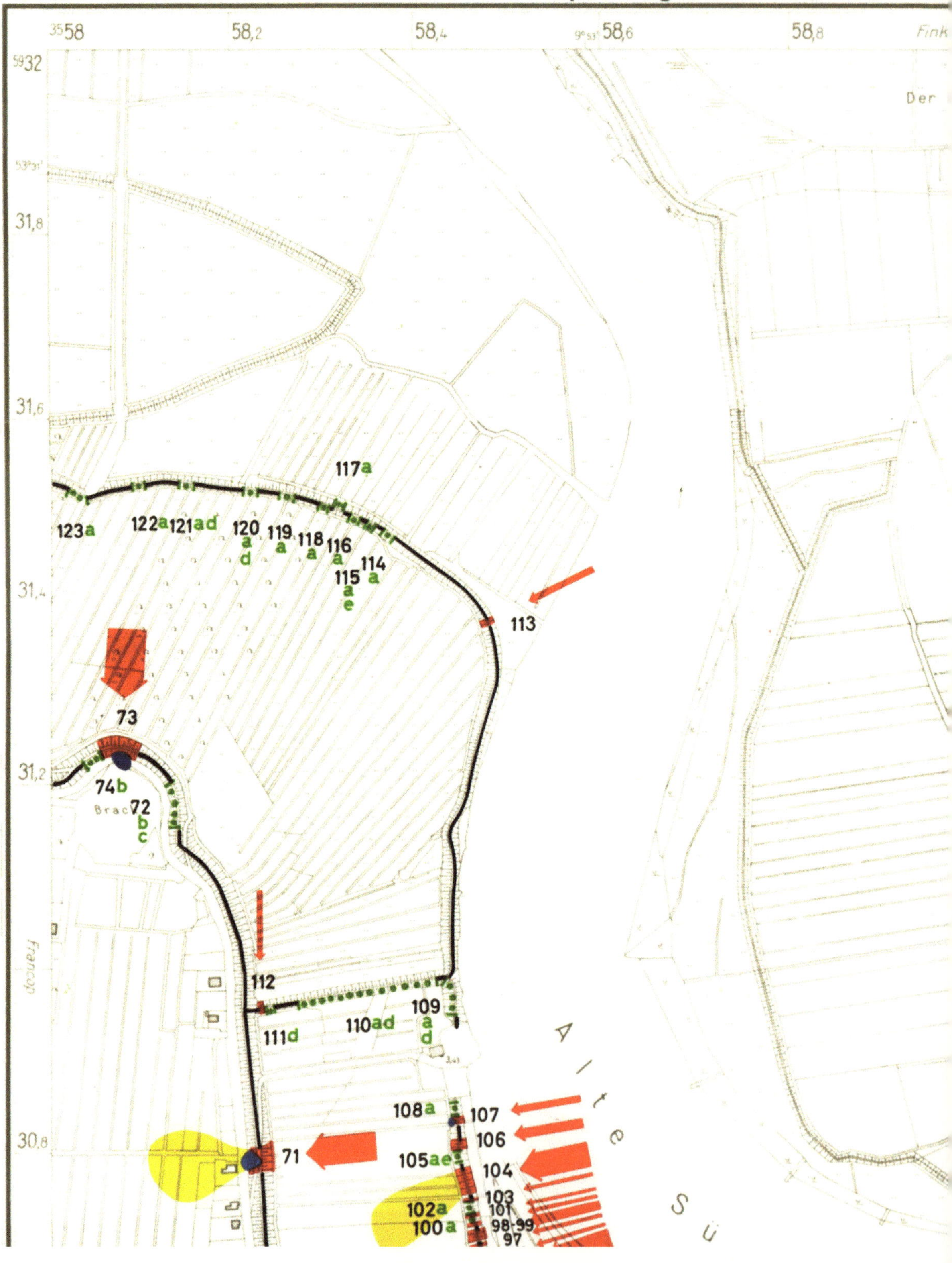

## bruar 1962
### - und Flurbeschädigungen

Die Hohenwisch
Die Sack Weiden
Die großen Wiesen
Auf
Ellerholz
Teich
Der Hinterdeich
Die Moorwettern
30,6
30,4
30,2
30
29,8
29,6
29,4

Die
Siedenweide
Unterster Werder
Mittelster Werder
Unterste
Untenburger Wetterung
Schleusengraben
Oberste Untenburger Wetterung
Untenburger
Alte
Deich
ersteert
30,6
30,4
30,2
29,8
29,6
29,4
53°30'

*Kartengrundlage: Deutsche Grundkarte (Katasterplankarte) 1: 5000*
*Mit Genehmigung des Vermessungsamtes der Baubehörde Hamburg vom 2. 4. 1962*

**Aufgenommen vom Institut für Geographie u**

*Nachdruck nur mit Genehmigung des Instituts für Geographie und Wirtschaftsgeographie der Universität Hamburg*

**schaftsgeographie der Universität Hamburg**

Aufgenommen vom Institut für Geographie u

## Zeicher

### Deichbrüche:

*Teilbruch ‹ 5m Breite*

Maßstabsgetreu eingezeichnete Brüche › 5m Breite
(Die Breite der Bruchstelle entspricht der Breite des Pfeiles)

*Teilbruch*

*Totalbruch mit* Kolk

Kolk ‹ *5m Durchmesser*

Kolk › *5m Durchmesser*

*Schwemmfächer*

*Torfbrocken*

*Entwurzelte Bäume*

### Deichbe

a *Rasenab*

b *Rasenab*

c *En-bloc-*

d *Erosions*

e *Erosions*

*Brandun*

*Brandun*

schaftsgeographie der Universität Hamburg

ärung

ungen:

Nicht überfluteter Deichabschnitt

Unbeschädigter Deichabschnitt

25 Nummer der Schadensstelle

1 : 5000

100 0 100 200 300 400 500 m

Offsetdruck: Vermessungsamt der Baubehörde. (1962)

(Deichaußenseite)

*mit Kliff*

Hamburger Geographische Studien Heft 16. Karte 4

# Moorburg-Mitte 6028

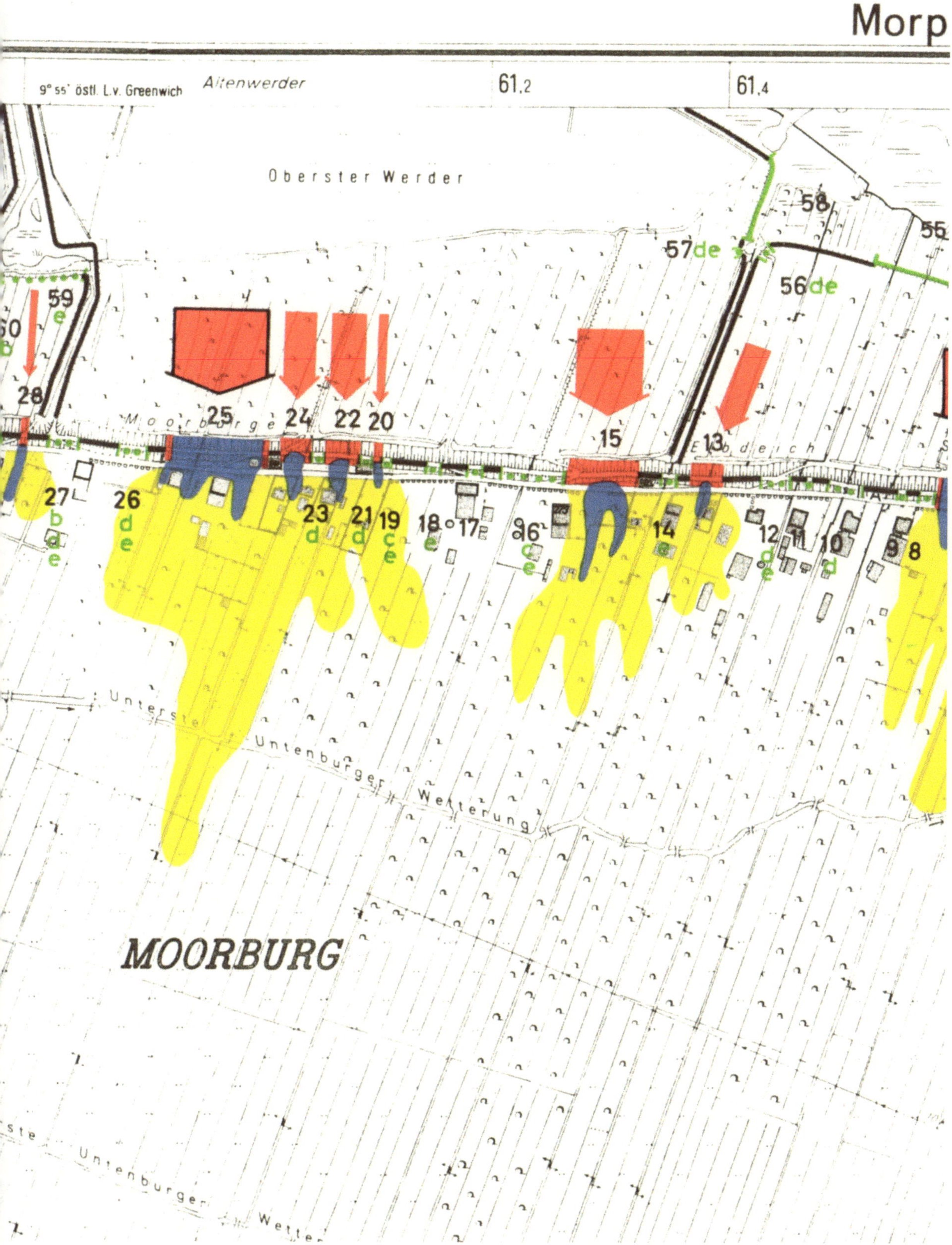

Morp
9° 55' östl. L.v. Greenwich
Altenwerder
61,2
61,4
Oberster Werder
Moorburger
Elbdeich
Unterste
Untenburger Wetterung
MOORBURG

# Sturmflut 17. Februar 1962

## [...]hologische Karte der Deich- und Flurbeschädig[...]

en

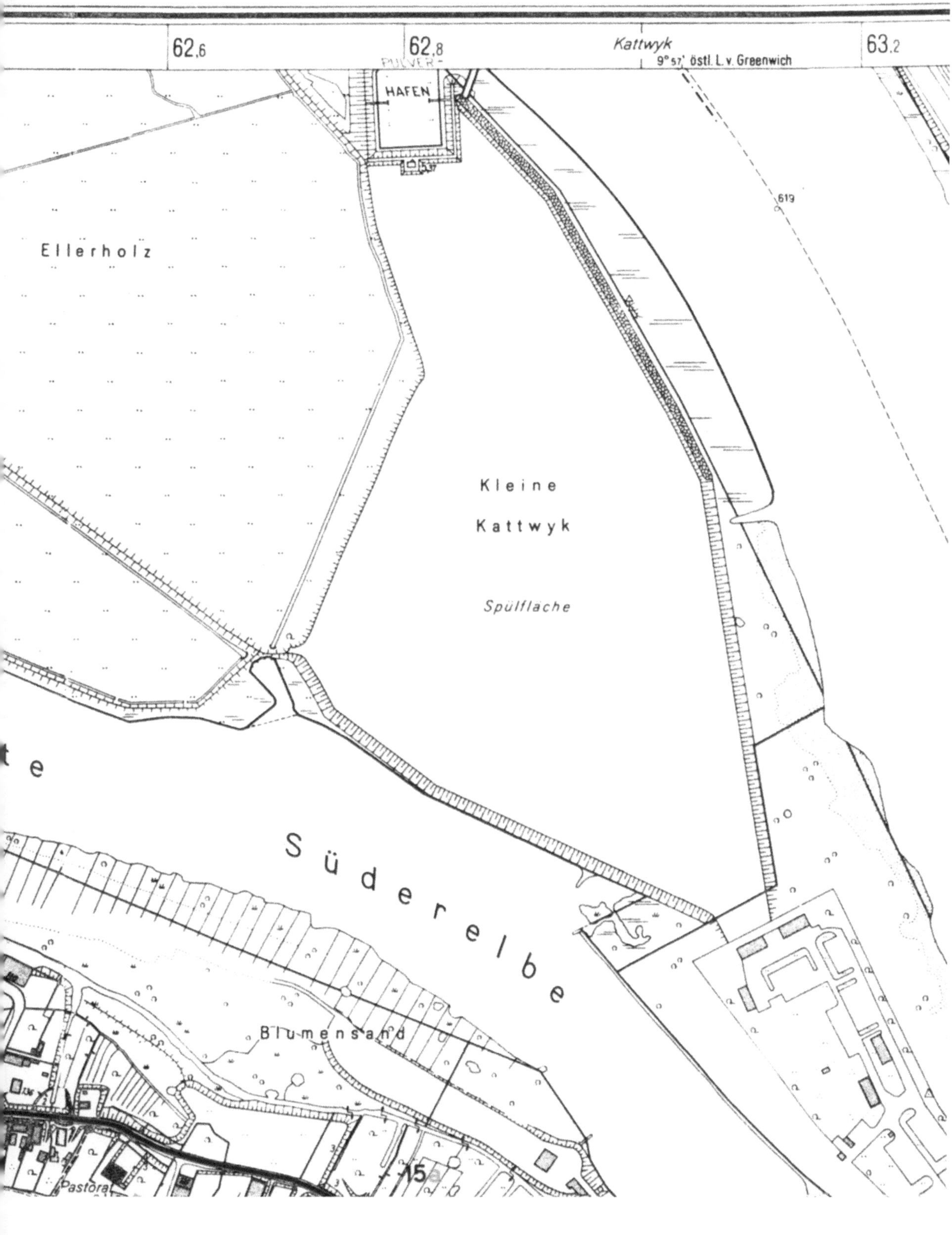

62,6
62,8
Kattwyk
9° 57' östl. L. v. Greenwich
63,2
HAFEN
619
Ellerholz
Kleine
Kattwyk
Spülflache
te
Süderelbe
Blumensand
Pastorat
15a

# Moorburg-Ost 62

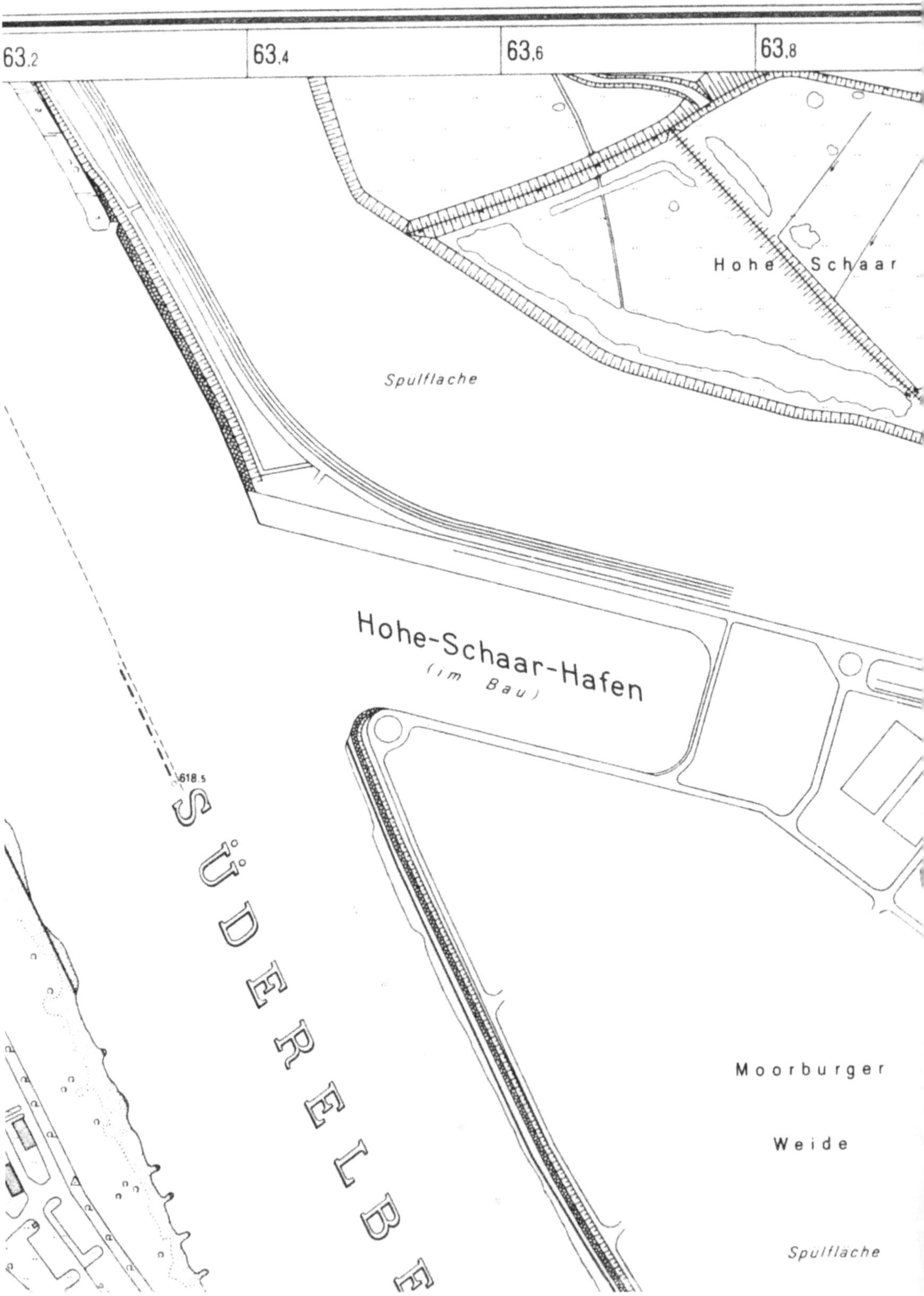

Hamburger Geographische Studien Heft 16. Karte 5

# Zeichenerklärung

## Deichbrüche:

*Teilbruch < 5m Breite*

Maßstabsgetreu eingezeichnete Brüche > 5m Breite
(Die Breite der Bruchstelle entspricht der Breite des Pfeiles)

*Teilbruch*

*Totalbruch mit* Kolk

Kolk *< 5m Durchmesser*

Kolk *> 5m Durchmesser*

*Schwemmfächer*

*Torfbrocken*

*Entwurzelte Bäume*

## Deichbeschädigungen:

*Kartengrundlage: Deutsche Grundkarte (Katasterplankarte) 1: 5000*
*Mit Genehmigung des Vermessungsamtes der Baubehörde Hamburg vom 2. 4. 1962*

Aufgenommen

vom Institut für Geographie und Wirtschaftsgeographie der Universität

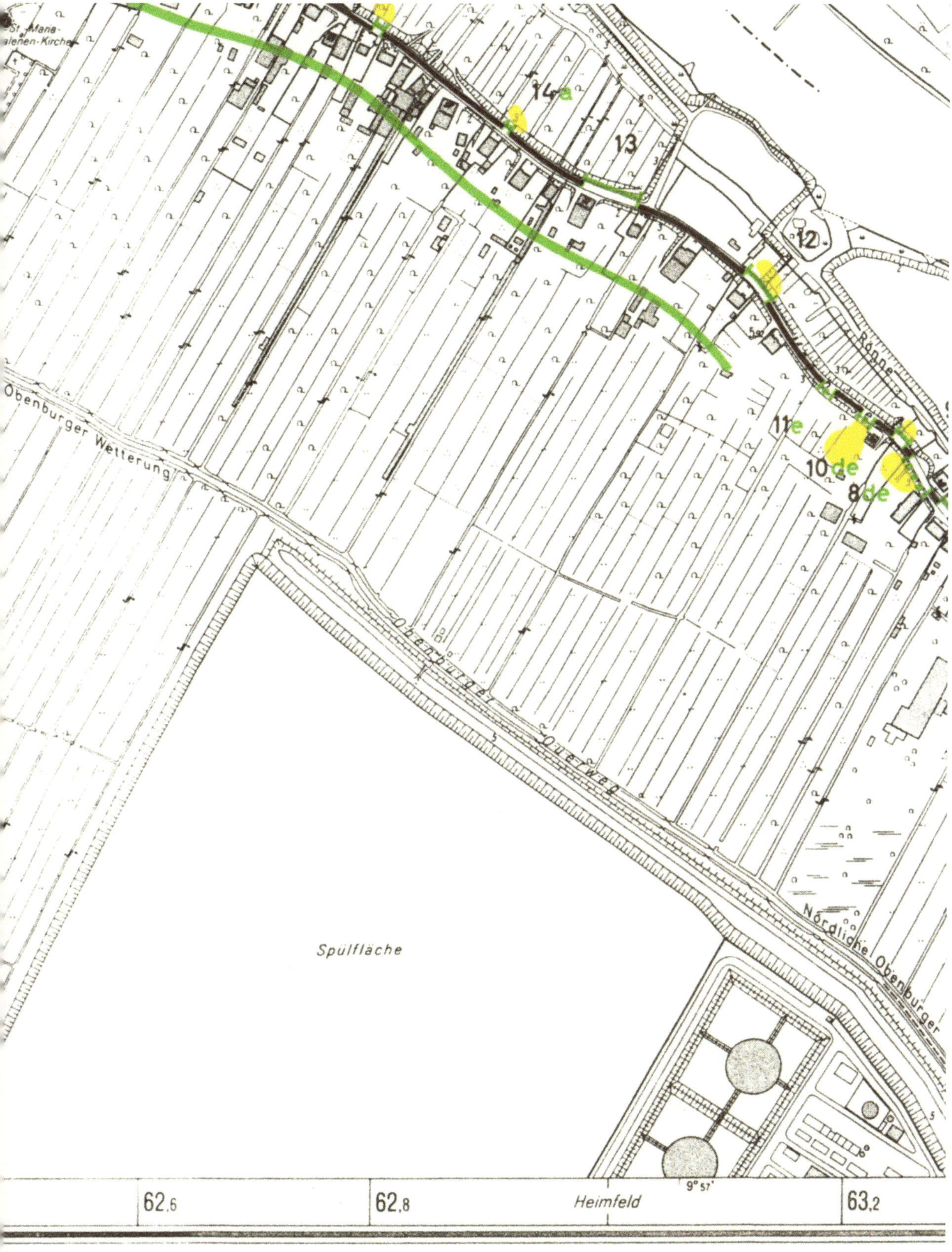
St. Maria-
alenen-Kirche
14a
13
12
Rönne
11e
10de
8de
Obenburger Wetterung
Obenburger Querweg
Spülfläche
Nördlicher Obenburger
62,6
62,8
Heimfeld
9° 57'
63,2

burg

618
MHW + 1.7
MNW − 0.5
617.5
Anl. St.
9
7
6e
5e
4de
3e
2e
1e
Moorburger Hinterdeich
Moorburger TA Straße
SEEHAFEN 4
63,4
63,6
63,8

a *Rasenabschälen*

b *Rasenabsetzen*

c *En-bloc-Rutschung*

d *Erosionskolk*

e *Erosionsrinne*

*Brandungsschaden* (Deichaußenseite)

*Brandungsschaden mit Kliff*

Nicht überfluteter Deichabschnitt

Unbeschädigter Deichabschnitt

25 Nummer der Schadensstelle

1 : 5000

100 0 100 200 300 400 500 m

Offsetdruck: Vermessungsamt der Baubehörde. (1962)

# Karte von Hamburg und Umgebung

## Sturmflut-Katastrophe am 16./17. Februar

| | | | |
|---|---|---|---|
| → | Deichbruch | | Gefahrenflächen unter 5,80m ü. |
| | Überflutungsflächen | | Flächen über 5,80m ü. NN |

1:50000

500 0 2500 5000 m

Herausgegeben vom Vermessungsamt der Freien und Hansestadt Hamburg

Landesgrenze — Bezirksgrenze — Ortsamtsbereichsgrenze

Bereich der morphologischen Spezialkarten der Deich- und Flurbeschädigungen im Maßstab 1 : 500

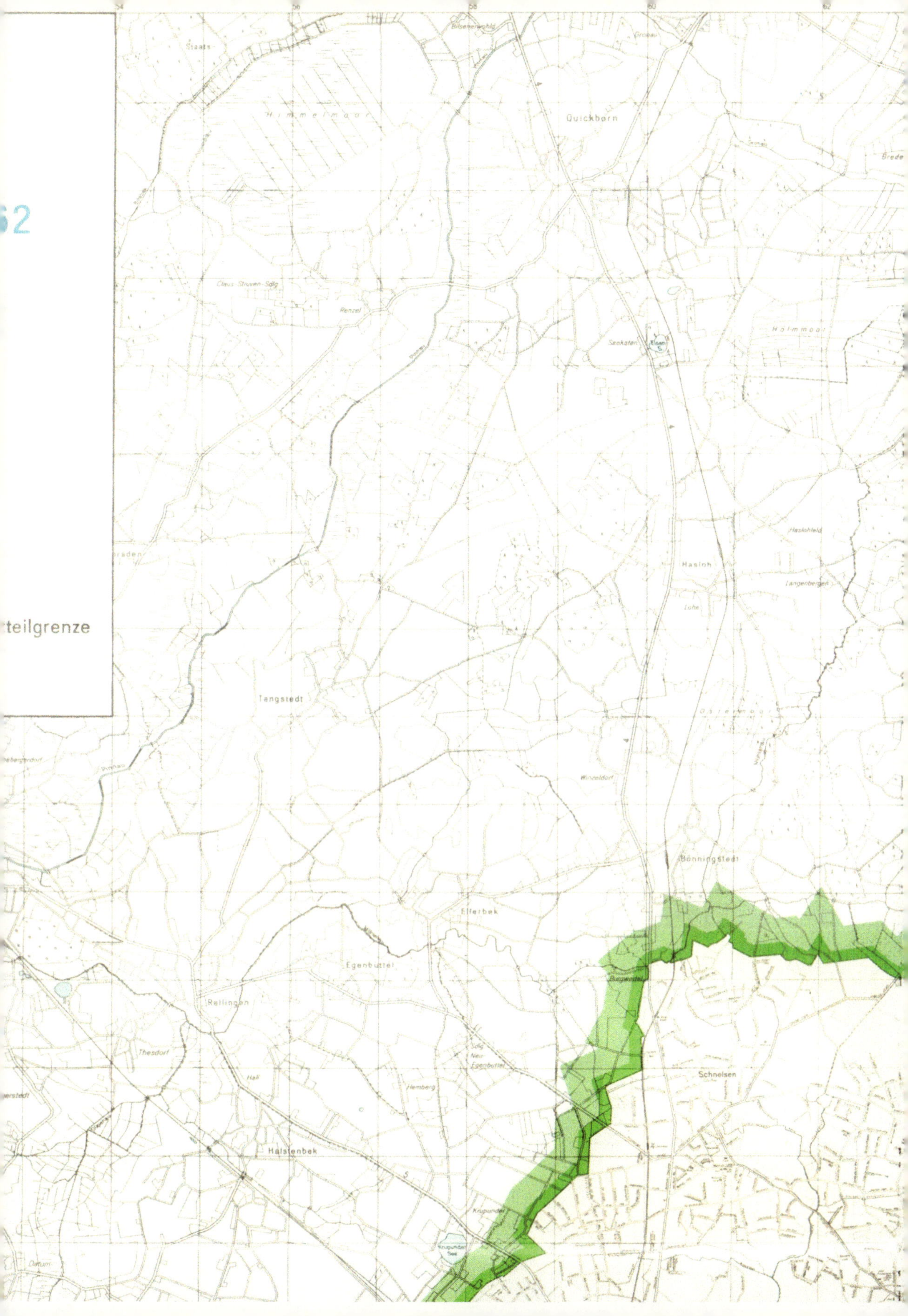
62
teilgrenze
Quickborn
Himmelmoor
Claus-Struven-Sdlg.
Renzel
Seekaten
Holmmoor
Hasloh
Haslohfeld
Langenbergen
Tangstedt
Winzeldorf
Bönningstedt
Ellerbek
Egenbüttel
Rellingen
Thesdorf
Schnelsen
Halstenbek
Krupunder
Hemberg

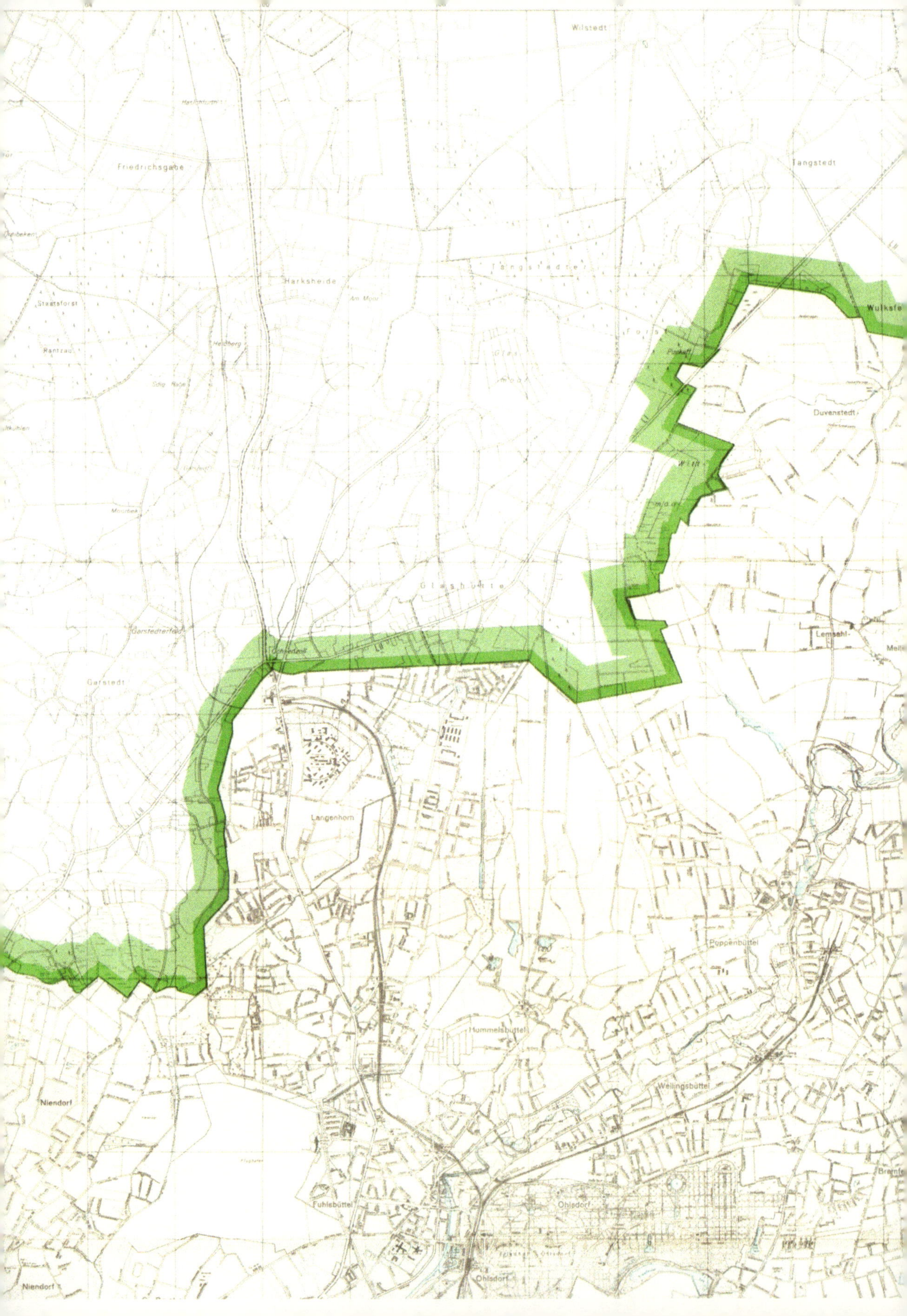

Wilstedt
Friedrichsgabe
Tangstedt
Tangstedter
Harksheide
Am Moor
Staatsforst
Rantzau
Forst
Wulksfe
Duvenstedt
Glashütte
Lemsahl
Garstedt
Langenhorn
Poppenbüttel
Hummelsbüttel
Wellingsbüttel
Niendorf
Fuhlsbüttel
Ohlsdorf
Bramfe

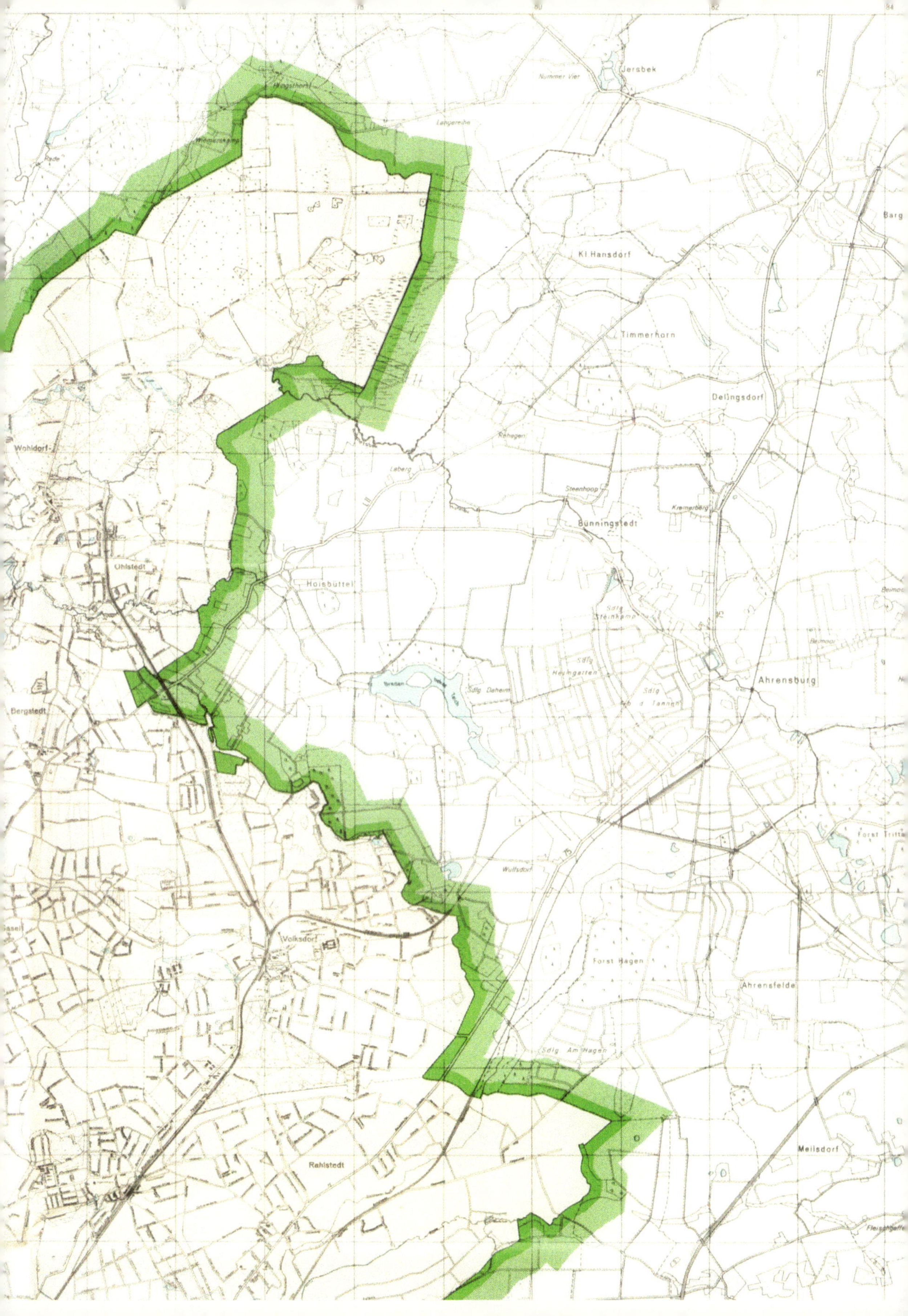

Jersbek
Nummer Vier
Rade
Kl Hansdorf
Timmerhorn
Delingsdorf
Rehagen
Wohldorf
Laberg
Steenkoop
Bünningstedt
Uhlstedt
Hoisbüttel
Ahrensburg
Sdlg Daheim
Bergstedt
Wulfsdorf
Volksdorf
Forst Hagen
Ahrensfelde
Sdlg Am Hagen
Meilsdorf
Rahlstedt

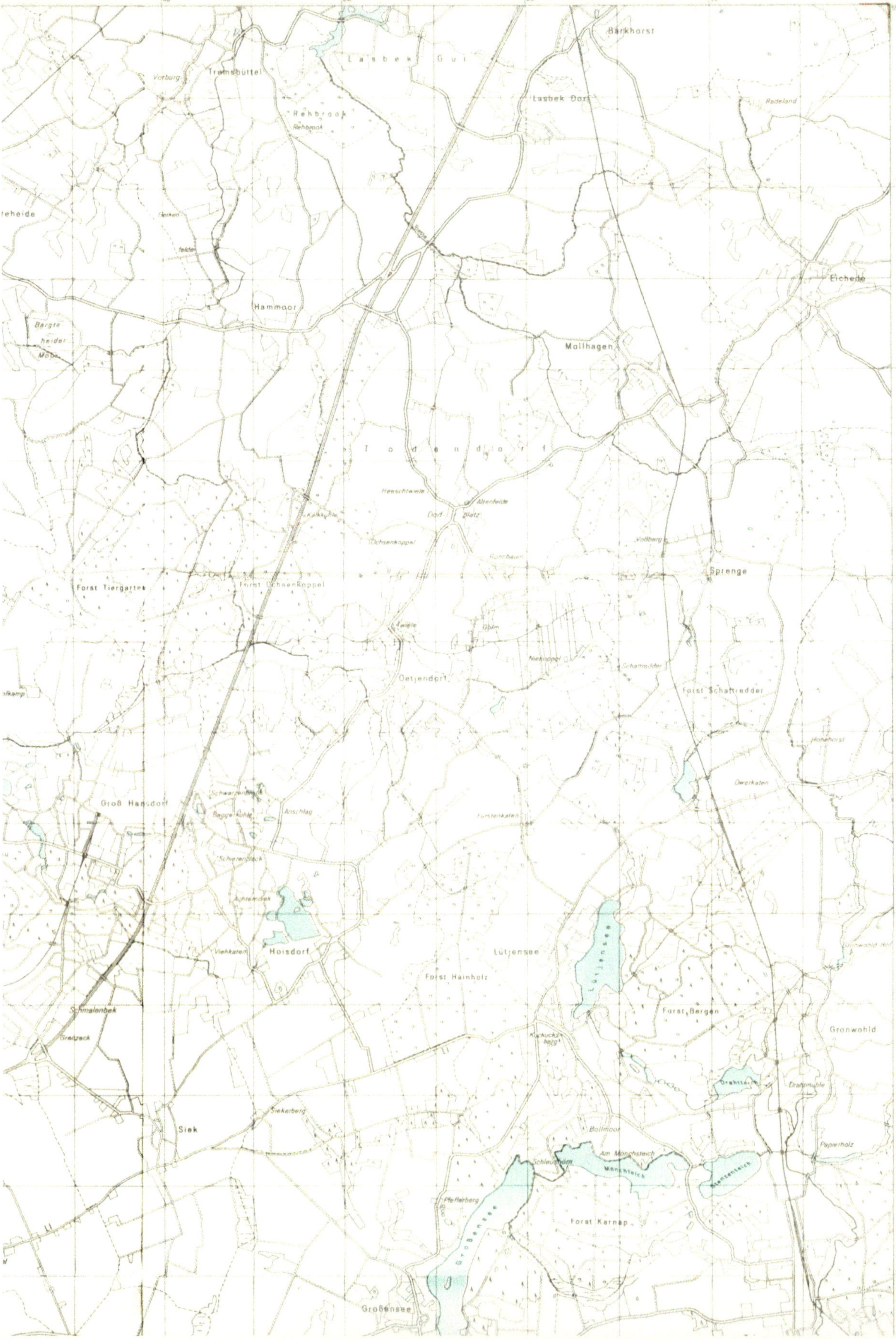
Barkhorst
Lasbek Gut
Tremsbüttel
Vorburg
Rehbrook
Lasbek Dorf
Hammoor
Eichede
Mollhagen
Todendorf
Forst Tiergarten
Forst Ochsenkoppel
Sprenge
Oetjendorf
Forst Schattredder
Groß Hansdorf
Hoisdorf
Lütjensee
Forst Hainholz
Forst Bergen
Gronwohld
Schmalenbek
Siek
Forst Karnap
Großensee

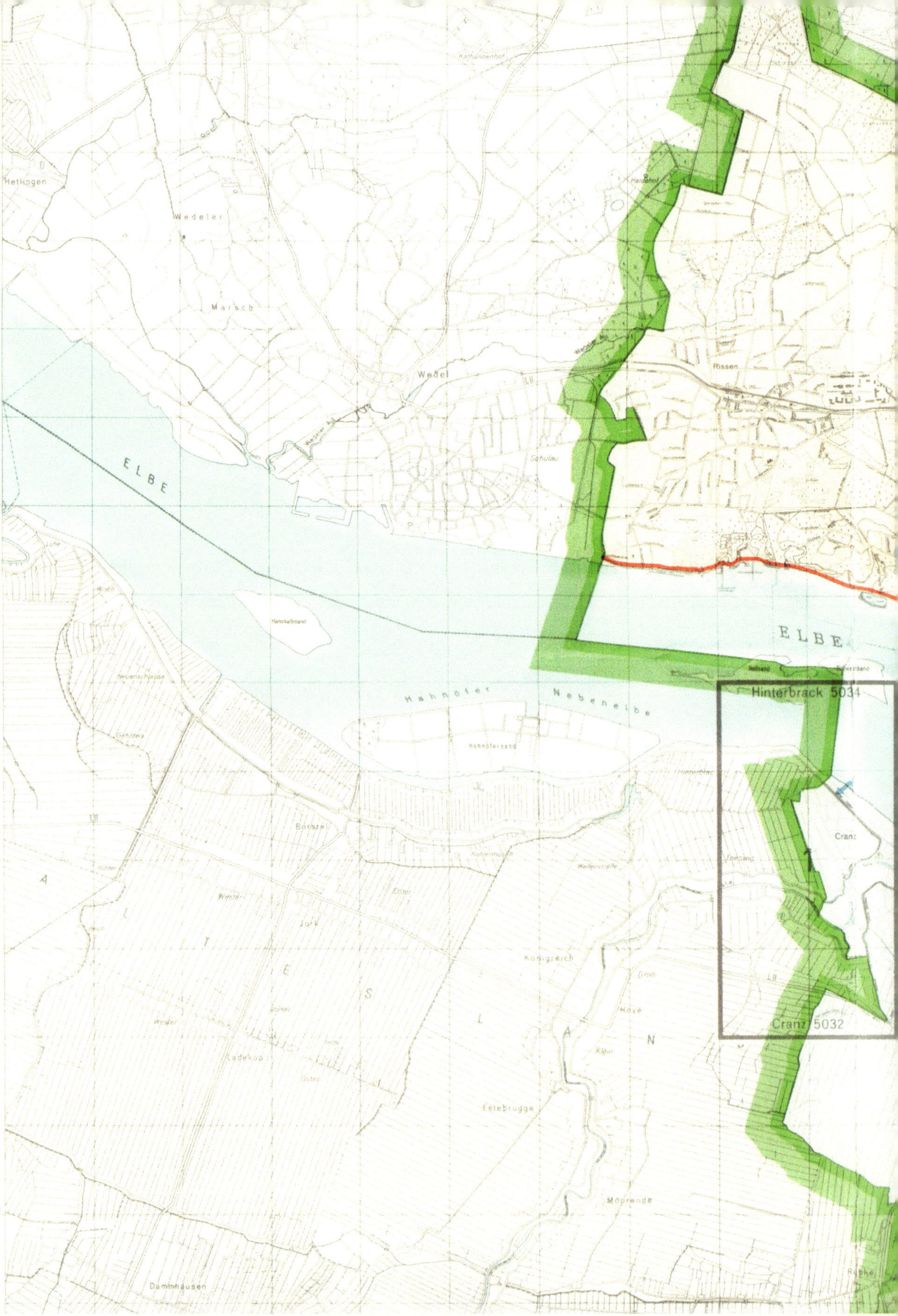
Hetlingen
Wedeler
Marsch
Wedel
Rissen
Schulau
ELBE
ELBE
Hahnöfer Nebenelbe
Hahnöfersand
Hinterbrack 5034
Cranz
Cranz 5032
Borstel
Königreich
Hove
Estebrugge
Mooriende
Dammhausen
Ladekop
42
40
38
36
34
32
30

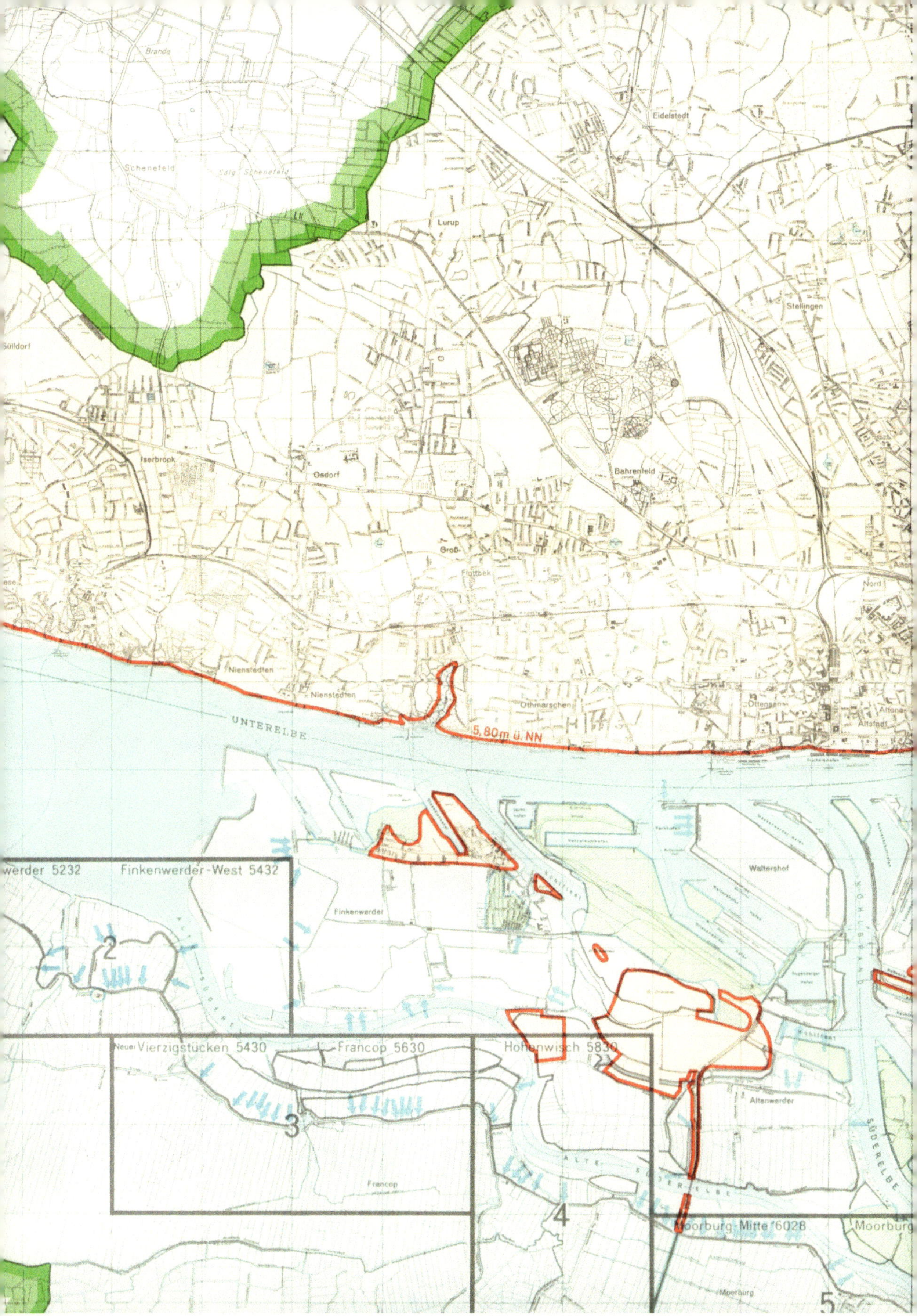

Brande
Schenefeld
Sdlg. Schenefeld
Eidelstedt
Lurup
Stellingen
Sülldorf
Iserbrook
Osdorf
Bahrenfeld
Groß-
Flottbek
Nord
Nienstedten
Nienstedten
Othmarschen
Ottensen
Altona-
Altstadt
UNTERELBE
5,80 m ü. NN
Waltershof
werder 5232
Finkenwerder-West 5432
Finkenwerder
2
Neuer Vierzigstücken 5430
Francop 5630
Hohenwisch 5830
3
Altenwerder
Francop
ALTE SÜDERELBE
SÜDERELBE
4
Moorburg-Mitte 6028
Moorburg
Moorburg
5

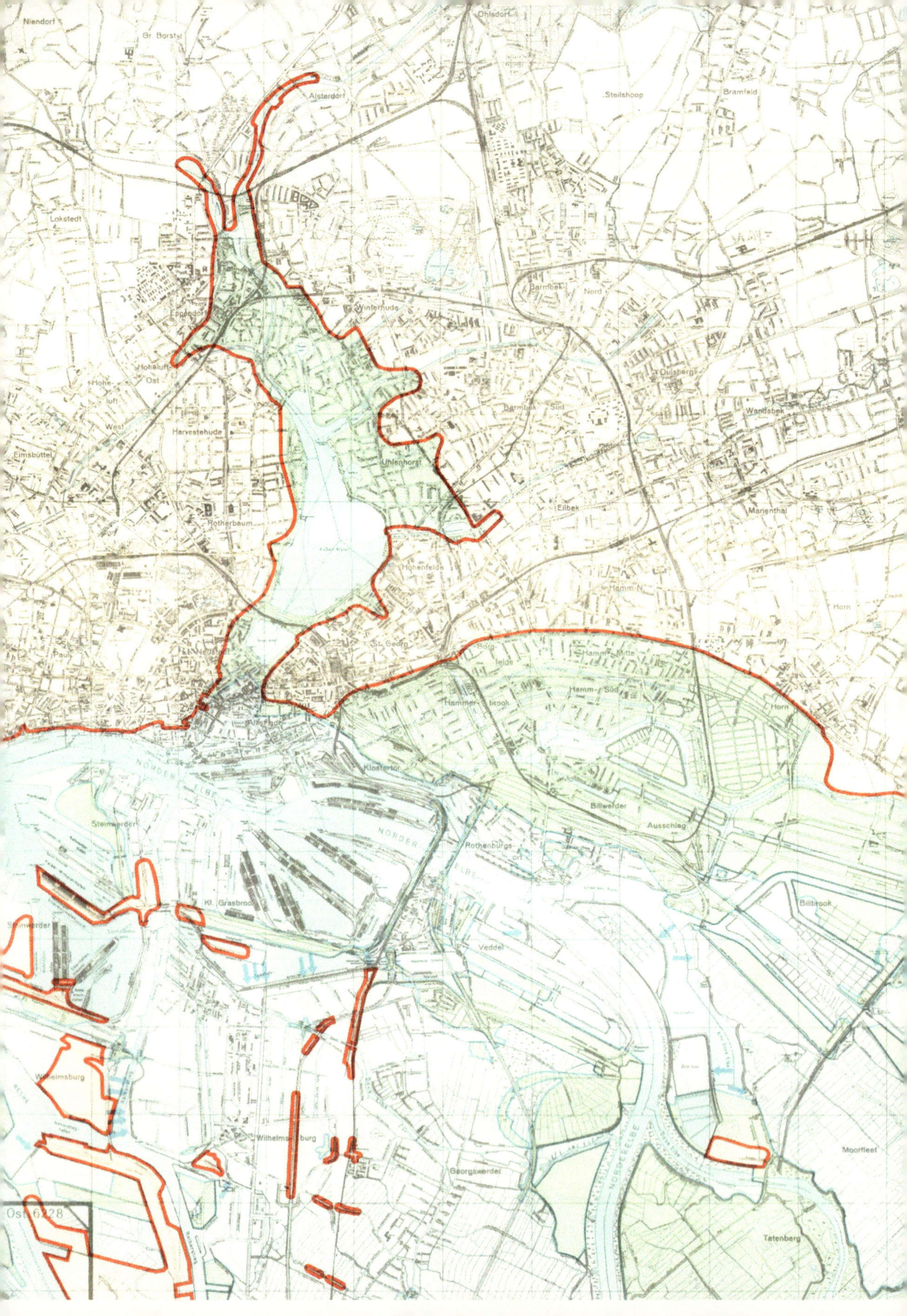

Niendorf
Gr. Borstel
Ohlsdorf
Alsterdorf
Steilshoop
Bramfeld
Lokstedt
Barmbek
Nord
Eppendorf
Winterhude
Hoheluft-Ost
Dulsberg
Barmbek Süd
Wandsbek
Harvestehude
Eimsbüttel
Uhlenhorst
Eilbek
Marienthal
Rotherbaum
Hohenfelde
Hamm-N.
Horn
St. Georg
Hamm-Mitte
Hamm-Süd
Hammerbrook
Horn
NORDER ELBE
Klostertor
Steinwerder
Billwerder
Ausschlag
Rothenburgsort
Kl. Grasbrook
Billbrook
Veddel
Wilhelmsburg
Wilhelmsburg
Georgswerder
Moorfleet
Tatenberg
NORDERELBE
Ost 6228

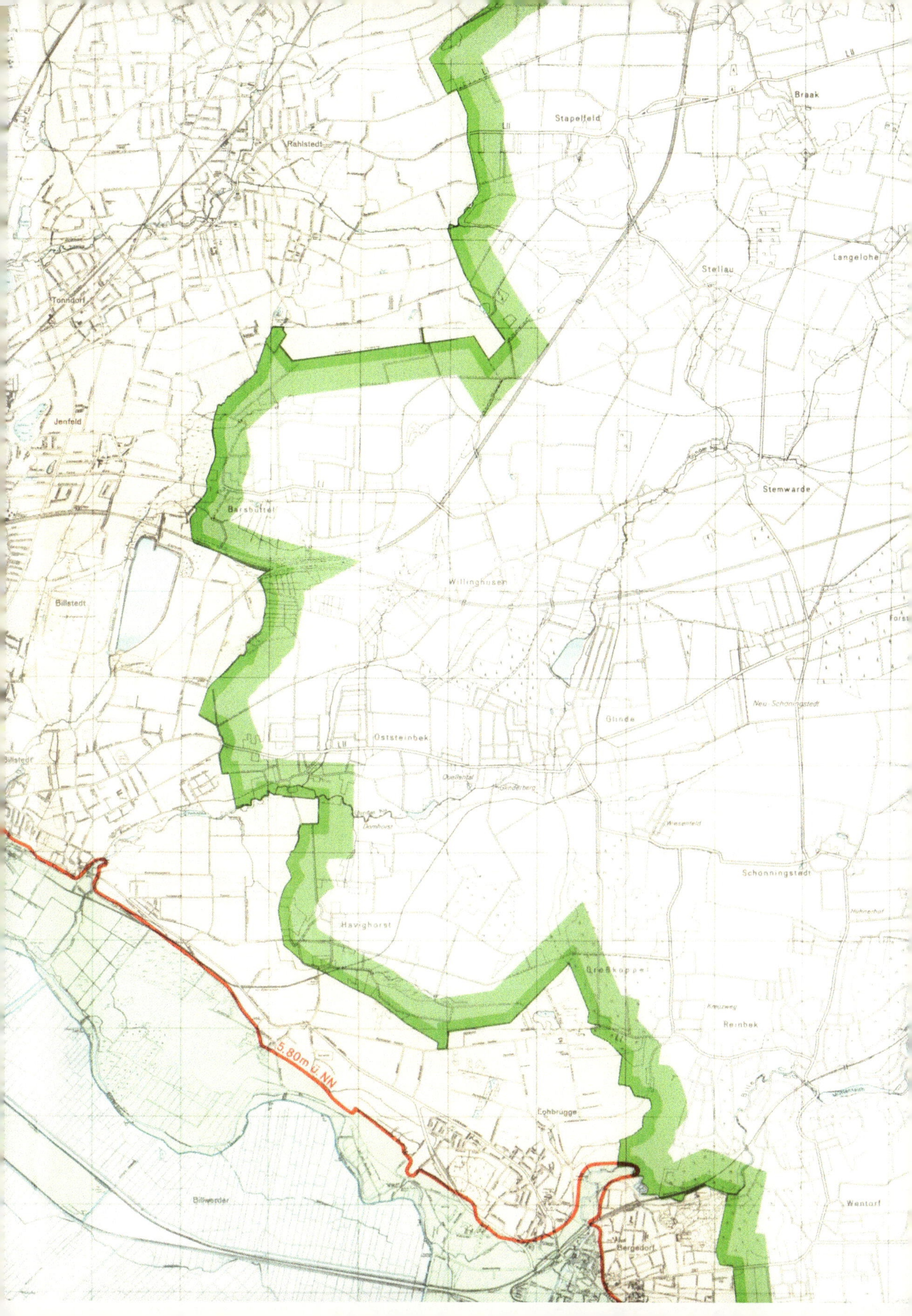

Stapelfeld
Braak
Rahlstedt
Langelohe
Stellau
Tonndorf
Jenfeld
Stemwarde
Barsbüttel
Willinghusen
Billstedt
Neu-Schönningstedt
Glinde
Oststeinbek
Billstedt
Wiesenfeld
Schönningstedt
Havighorst
Großkoppel
Reinbek
5,80m ü. NN
Lohbrügge
Billwerder
Wentorf
Bergedorf

Großensee
Trittau
Papendorf
Neu-Hamburg
Trittauer Feld
Trittauerheide
Glashütte
Forst Grander Tannen
Granderheide
Rausdorf
Lindenhof
Kronshorst
Kuddeworde
Grande
Hahnenkaten
Sonnenberg
Rothenbek
Witzhave
Forst Hahnenkoppel
Bille
Dieckskamp
Kasseburg
Buchsenschinken
Ohe Tannen
Neu Kasseburg
Ohe
Schonau
S a c h s e n w a l d
Friedrichsruh
Aumühle
Billenkamp
Wohltorf
Dassendorf
Kröppelshagen
Neu Börnsen
Fahrendorf
207
42
40
38
36
34
32
30

Dammhausen
Neukloster
Westmoor
Buxtehude
Neuklosterholz
Altkloster
Ostmoor
Eilendorfermoor
Altkloster
Ovelgonne
Eilendorf
Ottensen
Immenbeck
Ketzendorf
Heimbruch
Pippensen
Ardestorf
Daensen
Grauen Siedlung
Nindorf
Goldbeck
Moisburg
Grauen
Eversen Siedlung
Eversen
Podendorf
Appel
28
26
24
22
20
42
44
46
48
50

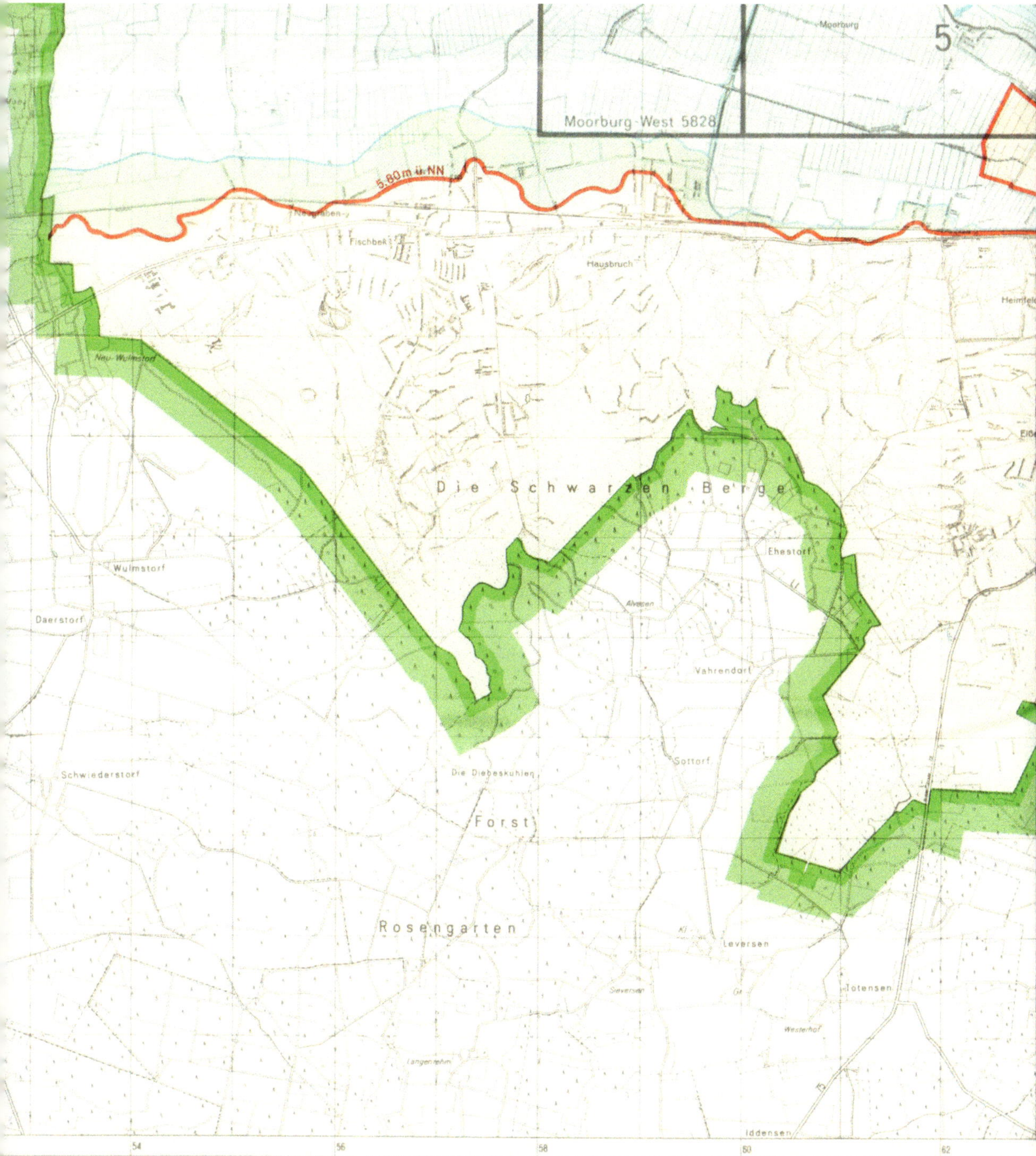
5
Moorburg
Moorburg-West 5828
5,80 m ü. NN
Fischbek
Hausbruch
Neu-Wulmstorf
Die Schwarzen Berge
Wulmstorf
Daerstorf
Alvesen
Ehestorf
Vahrendorf
Schwiederstorf
Die Diebeskuhlen
Sottorf
Forst
Rosengarten
Leversen
Sieversen
Tötensen
Westerhof
Langenrehm
Iddensen
54
56
58
62

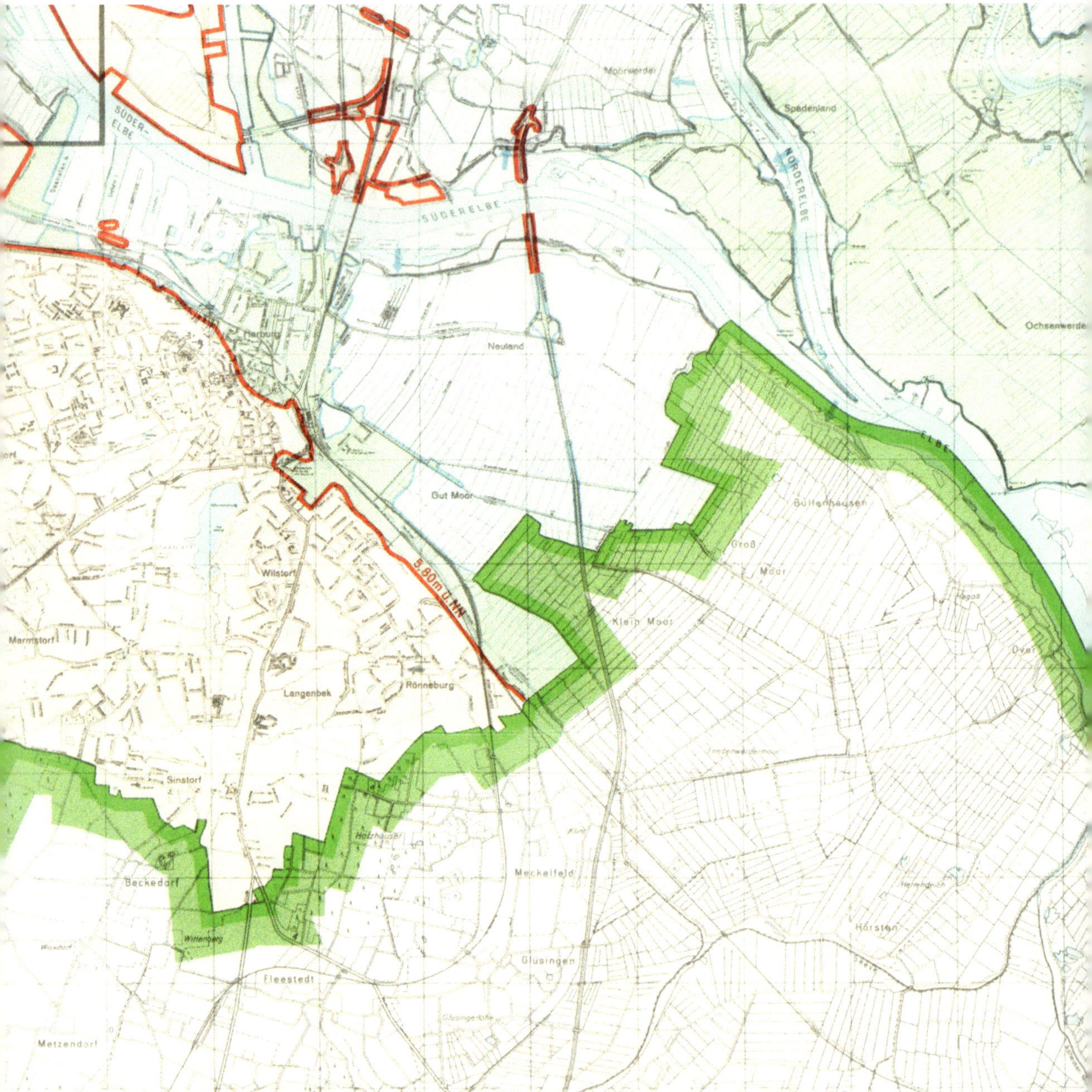

SÜDER-ELBE
SÜDERELBE
NORDERELBE
ELBE
Moorwerder
Spadenland
Ochsenwerder
Harburg
Neuland
Gut Moor
Bullenhausen
Groß
Moor
Klein Moor
5.80m ü.NN
Wilstorf
Marmstorf
Langenbek
Rönneburg
Sinstorf
Beckedorf
Wittenberg
Meckelfeld
Glüsingen
Fleestedt
Hörsten
Metzendorf
Emmelndorf
Maschen
64
66
68
70
72

Allermöhe
Reitbrook
Neuengamme
Curslack
Kirchwerder
ELBE
Rosenweide
Fliegenberg
Hoopte
Stockte
74
76
78
80
82
84

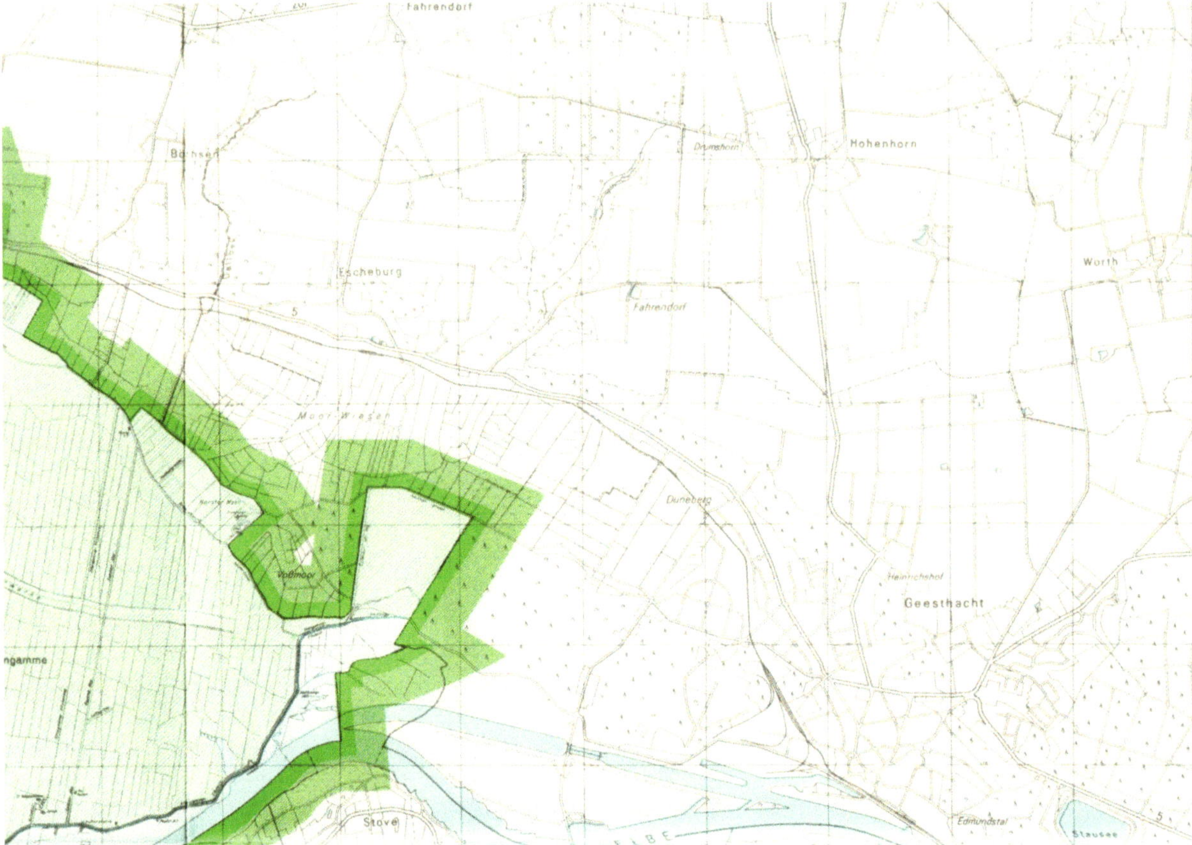


Offsetdruck: Vermessungsamt der Baubehörde. (1962)